丛书主编 颜 实

枪炮技术的
发展与战例

科学与文化泛读丛书

茅昱 著

山东科学技术出版社
·济南·

图书在版编目（CIP）数据

枪炮技术的发展与战例 / 茅昱著. -- 济南：山东科学技术出版社，2021.1（2023.5 重印）
（科学与文化泛读丛书）
ISBN 978-7-5723-0224-4

Ⅰ.①枪… Ⅱ.①茅… Ⅲ.①枪械－普及读物 ②火炮－普及读物 Ⅳ.① E92-49
中国版本图书馆 CIP 数据核字（2020）第 205814 号

枪炮技术的发展与战例
QIANGPAO JISHU DE FAZHAN YU ZHANLI

责任编辑：胡　明
装帧设计：魏　然

主管单位：山东出版传媒股份有限公司
出 版 者：山东科学技术出版社
　　　　　地址：济南市市中区舜耕路 517 号
　　　　　邮编：250003　电话：（0531）82098088
　　　　　网址：www.lkj.com.cn
　　　　　电子邮件：sdkj@sdcbcm.com
发 行 者：山东科学技术出版社
　　　　　地址：济南市市中区舜耕路 517 号
　　　　　邮编：250003　电话：（0531）82098067
印 刷 者：济南华新印务有限公司
　　　　　地址：济南市济阳区纬二路杨寨居寨北八巷 7 号
　　　　　邮编：251400　电话：（0531）84211085

规格：大 32 开（140 mm×203 mm）
印张：7　字数：130 千　印数：4501～6000
版次：2021 年 1 月第 1 版　印次：2023 年 5 月第 3 次印刷
定价：28.00 元

《科学与文化泛读丛书》
编委会

顾　问　郭书春
主　编　颜　实
编　委　（按姓名拼音排序）

李　昂	李永民	刘树勇
刘　毅	茅　昱	谭建新
田　勇	王　斌	王洪见
王晓义	王玉民	韦中燊
邢春飞	邢声远	熊　伟
徐传胜	徐志伟	游战洪
赵文君	周广刚	周金蕊

前言

在20世纪福克斯公司1970年出品的电影《巴顿将军》中，面对着漫山遍野的军用运输车队，由乔治·斯科特扮演的巴顿感叹道："与战争相比，人类其它形式的努力显得多么微不足道！"而那时几乎所有人员和车辆配置的武器都是本书的主角——枪炮。

战争是人类历史最重要的组成部分之一，武器也是人类文明的一个重要符号。从武器中，我们不仅能了解战争，还能了解人类科技的发展历程。枪和炮，则是了解武器的一个最合适的起点。

借助有着详细和可靠记载的近现代历史，我们可以非常精确地了解枪炮技术发展的方方面面，这使得我们能更清楚地聆听历史、战争、科技和文明的脚步声。

我们从枪炮的材料和部件中能看到人类冶金能力和金属加工能力的提升，从弹药中能一窥化学科技发展的脉络，而数学和物理技巧的运用则让枪炮的射击更加精准。随着人类进入信息社会，数字工具的运用又将古老的枪炮推到了新的前沿，无论是弹道计算机还是电子引信都使得枪炮的威慑依然能在敌军士兵的心中形成挥之不去的阴影。

提到枪炮，很多人总会产生一些负面的联想，但即使在我国这样一个武器受到严格管制的国家，枪炮依然经常出现在我们的生活中：参加军训的学生可能进行实弹射击训练，而许多蹒跚学步的男孩会对玩具枪支产生难以理解的热爱，很多女孩成年后在尝试了射击运动后也会对枪械产生浓厚的兴趣。现代奥运会射击项目依然有15枚金牌，而远距离精确射击在欧美已经成为一种新的时尚，各路枪械爱好者纷纷自己动手，改进自己的枪械甚至弹药，以追求精准的极限。

由于国情的特殊性，中国的很多军事和射击爱好者平时接触枪炮及相关专业文献的机会较少，而有关的科普内容又不是随处可见，所以造成了人们对很多枪炮知识一知半解的情况。即使在和平时期，在观看影视剧和阅读历史书籍时，枪炮知识的缺乏也会影响对其中细节的深入理解。

笔者编写这本图书的初衷，就是希望为广大的青少年朋友、军事爱好者和兵器爱好者提供一些枪炮的基本知识，这也可以帮助大家以后进一步学习更加专业的武器方面的知识。将弹药和弹道学等相关知识与枪炮构造等知识结合起来，也能帮助大家更加全面地理解枪和炮这两种对人类战争史影响最大的武器。

与其它科普类图书不同，为了提高感性上的认识，在记述历史的同时，笔者将相关时代的一些战例介绍与枪炮技术介绍结合了起来。战例介绍着重还原历史的一些细节，而非专门描述某种武器的使用，以期通过对战例的了解来体会枪炮技术在那个时代起到的独特作用。

在这本书中，读者也会读到一些"小八卦"和"小知识"，这些趣闻轶事是历史上留下的一些不应被忘记的细节。无论是拿破仑的波兰骑兵卫队长的结局还是英国海军上将纳尔逊的旗语"英格兰需要每一个男人都坚守岗位",放在文中,或许能为略显冰冷的枪炮技术介绍多少增加一些温暖,让我们对历史和科技的了解更加丰满。

感谢在本书编写过程中提供了巨大支持和帮助的"央视频号"卫星项目首席科学家邢强博士,《兵器知识》杂志副主编熊伟先生,巴斯夫(中国)有限公司林颖先生,清华大学顾问教授王纲怀先生和夫人管以莼女士,清华大学图书馆游战洪副教授,还有无偿提供照片资料的HAWK26讲武堂博主,以及不厌其烦陪着我参观全世界各大军事博物馆的茅涵青小姐和王历女士。

除了书后列出的参考文献,本书的资料还来源于一些博物馆和网站,如斯普林菲尔德兵工厂博物馆、纽约大都会博物馆、新伦敦美国海军潜艇博物馆、法国巴黎荣军院军事博物馆、伦敦帝国战争博物馆、伦敦国家海事博物馆、华盛顿史密森学会国家航空航天博物馆、巴塞罗那海事博物馆、土耳其伊斯坦布尔历史博物馆,以及Chey Tac公司网站、美国国家专利局网站、维基百科网站,在此谨致谢意。

2020年是中国人民志愿军出国进行抗美援朝战争70周年,能战方能止战,而了解一些枪炮知识或许就是一个好的开始。愿英灵安息,愿祖国繁荣,愿青年朝气蓬勃!

著者

目 录

一、前膛炮 ··· 1
 战例1 君士坦丁堡攻城战 ························· 9
 战例2 勒班陀海战 ································· 13

二、滑膛枪 ··· 17
 战例1 索莫谢拉战役 ····························· 24
 战例2 滑铁卢战役 ································· 28

三、火炮的机动与标准化 ································· 32
 战例1 弗里德兰战役 ····························· 45
 战例2 特拉法加海战 ····························· 48

四、线膛革命 ·· 53
 战例 葛底斯堡战役 ································ 66

五、自动武器 ·· 73
 战例 上甘岭战役 ···································· 91

六、世界大战中的火炮 …………………………………… 96
　　战例1　日德兰海战 ………………………………… 106
　　战例2　阿拉斯阻击战 ……………………………… 108

七、炮弹小记 …………………………………………… 112

八、闲话引信 …………………………………………… 136

九、高速射击——航空机炮 …………………………… 144

十、弹道学和精确射击 ………………………………… 155

十一、聊聊子弹 ………………………………………… 173

十二、漫话手枪 ………………………………………… 188

十三、枪炮技术的最新发展 …………………………… 203

参考文献 ………………………………………………… 213

一、前膛炮

火器的出现是火药发明的延伸,对人类历史的影响是深远的,引发了战争形式的变化,使人类从冷兵器时代进入热兵器时代。全世界公认中国是最早使用黑火药的国家,公元9世纪就开始了火器的制造和使用,而欧洲则是到13世纪左右才开始接触火器。尽管欧洲起步晚,但战事频繁的欧洲给了火器一个巨大的发展空间。下面我们将从火器和战争的历史中来追溯现代枪炮的渊源。

火炮是最早的火器之一。最早的火炮是前膛炮,其形状就是简单的一根一端封闭的金属管子。

图1.1　在中国元朝上都出土的据信造于1298年的火炮

火炮发射时,将黑火药从炮口装填进炮膛底部,再将弹丸(早期为球形实心弹)塞进炮口;然后从炮膛尾部的火门倒入火药,从火门外用明火(或烧红的金属钩)点燃,在封闭的炮膛内引燃黑火药,黑火药发生爆炸将弹丸推出炮膛飞向敌人。这种基本结构从13世纪开始到16世纪一直没有什么变化。最初的火炮重量大,难以移动和调整射向,主要目标只能是不会移动且易于瞄准的堡垒,借助弹丸的巨大质量的惯性,来破坏对方的城墙。

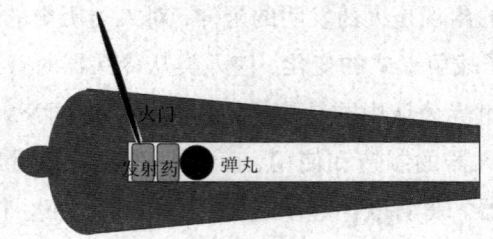

图1.2 前膛炮的基本形式

当时在西方使用火炮攻城并不是一件很威风的事。一方面,火炮的炮身常常因无法承受火药的爆炸压力而破碎,伤及周围的士兵,所以通常开炮前还有祈祷仪式,祈求好运(就是祈求别把自己炸死);另一方面,由于装填火炮需要在炮口作业,还要清理炮膛内炙热的火药残渣以免引燃新装填的火药,加之弹丸都很重,操作非常耗时,长时间在炮口作业使得操炮士兵不仅疲惫不堪,而且很容易受到对方弓箭手的袭击。准确性差,装填时间又长,使得很多被火炮破坏的工事在被火炮再次击中前已经重新被修好,这也使得当时火炮的破坏力受到很大的削弱。

一、前膛炮

这幅1429年奥尔良战役的绘画作品是迄今发现的最早的西方火炮形象记录。

图1.3　最早的西方火炮形象记录

火炮技术进步缓慢，主要是受到当时金属冶炼和加工技术的限制。13～16世纪，火炮主要使用熔点较低的青铜（铜和锡为主的合金）或黄铜（铜和锌为主的合金）铸造，铜的成本较高，而更廉价的铁则由于熔点较高，还不能成为炮管的主要材料。青铜很坚硬，人类使用的历史也很长，相比铁的1 538℃熔点，青铜950℃的熔点靠木炭鼓风燃烧就能达到，熔化的青铜能很简单地通过倒入模具铸造的方式加工成炮管。而生铁的熔点依靠木炭甚至煤炭鼓风燃烧很难达到，所以在电影中，中世纪的铁匠铺总是传出叮叮当当的响声，因为当时加工铁器一般只能将铁块烧红使其变软后用手工锻打的方式成型，而用锻打的方式来加工精度要求很高的炮管是几乎不可能的。造炮在当时是极其精巧的技术，只有支付巨额的工资才能招募到造炮的工匠。这种情况一直到工业革命时期才有了本质的变化。也就是说，技术的限制导致枪炮基本维持前膛为主的形式数百年而没有本质的进步。

从13世纪到16世纪的火炮，虽然炮身技术没什么进步，但也有一些小的改进，逐步提高了火炮的使用效果，其中一个比较特别的发明就是"炮耳"（在炮身中间位置，横着向外的两个圆柱体）。有了炮耳，不仅能使火炮固定在炮架上便于机动，与炮架配合还使火炮能比较简单、快速地通过调整俯仰角度来调整射程，更好地瞄准目标。炮耳的位置一般接近火炮的重心而偏向炮尾一侧少许，这样调整火炮俯仰角度时就不需要费太大的力气，同时也有利于保持射击的稳定性。谁发明了炮耳已经无法考证（有人认为是法国人发明的），但历经数百年后，这个小小的发明依然出现在绝大多数的现代火炮上（现在被称为"耳轴"）。

图1.4　15世纪前膛炮的炮耳（左）和现代火炮的耳轴（右）

冷知识：黑火药的秘密

所谓爆炸，就是急剧的氧化反应在瞬间完成，释放出体积比反应物体积大成百上千倍的气体，气体的膨胀制造出爆炸的效果。在黑火药出现之前，人类可以控制的最重要的氧化反应就是燃烧，而燃烧必须要有氧气，当时能加大氧气量的唯一方法就是人力鼓风，显然这无法使燃烧反应急剧加快并在瞬间完成；同时，燃烧燃料（主要是木炭）产生的气体（主要是二氧化碳）也不够多，所以无法达成火药的爆炸效果。黑火药的秘密就在于我们的祖先用更强大的固体氧化剂替代了氧气，磨成粉末后，氧化剂和燃料紧密结合起来，使得氧化反应能在不借助氧气的情况下瞬间完成；同时选择能产生更多气体的氧化剂和燃料，使得体系的体积在短时间内可以膨胀上千倍。黑火药最早的配方，就是木炭（燃料）、硫黄（氧化剂）、硝石（氧化剂）按一定比例（15∶10∶75）混合起来。硝石的主要成分是硝酸钾，正是它的存在，使得火药的燃烧不再需要借助氧气；硫黄可以作为还原剂在空气中燃烧，但在黑火药中它和硝酸钾一样也作为氧化剂与木炭剧烈反应，即不依赖空气而燃烧，在极短时间内生成大量的氮气和二氧化碳气体（化学反应式为 $2KNO_3+S+3C=\!=\!K_2S+N_2\uparrow+3CO_2\uparrow$），急速膨胀的气体能为弹丸提供足够的动能。更重要的是，这三种物质都能研磨成细粉，硫黄还在其中充当了黏合剂，混合后粉末间的接触面积大大增加，结构也变得致密，使得反应速度得到巨大的提升，瞬间爆炸放出大量气体。而这三种物质在公元9世纪时都能相对容易地获取，因此源自中国的黑火药就理所当然地成了发射药和爆炸药的鼻祖，开创了热兵器时代。从公元9世纪一直到17世纪，黑火药都是人类唯一的爆炸物。

枪炮技术的发展与战例

同样受限于当时的金属加工水平，早期前膛炮的弹丸和炮管的配合度较差，大量的火药气体会从弹丸和炮管结合的缝隙中漏出而被浪费，同时也缺乏可靠的引信，使得多数火炮还是主要依靠弹丸的动能来破坏目标。所以，当时的弹丸主要是实心弹，用石头或金属制成球形，和现代的"圆柱＋圆锥"形差异很大，只有这样和炮管配合不佳的球形弹丸才不会因晃动而在炮管中被卡住。大口径的火炮用于破坏堡垒，较小口径的火炮则用于对付对方的人员。除了实心弹，另一种常见的弹药就是广为人知的葡萄弹（又称霰弹）。葡萄弹能在射出炮口后，依靠内部小弹丸在飞行中的分散作用增加打击面积，达到大量杀伤人员的目的。在冷兵器主宰战场的时代，这样的杀伤效果已经能令对手不寒而栗了。

 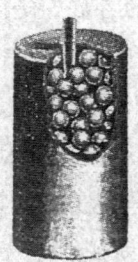

图1.5　实心弹和葡萄弹

相比实心弹，霰弹的加工难度大，加工要求也高得多。到拿破仑战争时代，从几场战役中炮兵使用的弹药数量来看，实心弹仍是主要弹药品种，但在普通实心弹基础上出现了很多变化，以针对不同的目标。这些变化都是利用一些简单的机械装置，借助弹丸自身的运动来改变射出炮口后的形态。如在海战中，链弹就被用来破坏对方舰船上的索具和船帆；棒弹则在飞出炮口后会旋转，从而增加了对人员的杀伤面积。还有一种烧夷弹，是将弹丸烧红后发射出去，常在海战中使用，可以烧穿木制战船的甲板。

现在常见的爆破弹在早期是奢侈品＋危险品。因为引信技术的局限，准确地控制爆炸时机几乎是不可能的事（关于引信，本书第八部分将专门介绍）。尽管也有很多令人叫绝的设计，巧妙地利用了当时成熟的技术，但总体来说，直到1784年相对可靠的榴霰弹出现之前，爆破弹更多是一个美好的愿望。最初的爆破弹是在弹丸上钻孔并填充火药粉，在弹丸外包裹可燃的沥青浸渍的布，其可靠性很低，最要命的是这样的弹药堆积在阵地上非常容易发生爆炸事故而伤及自身。

图1.6 一门早期臼炮（类似现代的迫击炮）和爆破弹

榴霰弹是一位名叫亨利·施拉普内尔的英国炮兵中尉在1784年发明的，英文中榴霰弹就称为"Shrapnel shell"，之后又被一位名叫伯克希尔的少校改进。榴霰弹是一种非常有效的人员杀伤弹药，弹丸在目标附近能借助内装火药爆炸的威力抛射破片来杀伤敌方人员。

这种榴霰弹使用空心金属或木制球状弹丸，内部添加黑火药和铅弹，其先进之处在于有了相对可靠的引信。它是在弹丸外开孔，插入一根金属管，在管中填充黑火药作为引信，通过管子的长度就可以大致控制引信燃烧的时间，因而提高了可靠性。弹丸底部有导向板，确保引信始终朝向炮口，而不会因为在炮管中翻滚而失效。

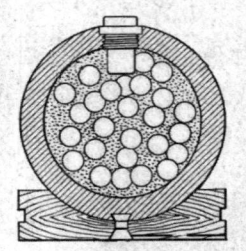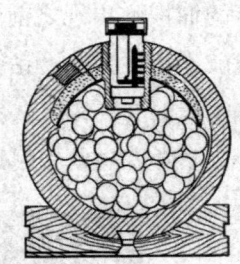

图1.7　榴霰弹（图片来自维基百科）

当时的步兵已经开始使用火枪，但射程只有几十米，而且精度很低，需要士兵排成密集整齐的队形齐射来提高命中率。使用榴霰弹可以在火枪的射程外对列队的士兵进行打击，以破坏队形杀伤人员。榴霰弹的出现是火炮历史上的一次革命，火炮对人员的杀伤力成倍提高，也深刻地改变了战场的规则和战法。

需要说明的是，当时材料和加工技术的水平不高，而榴霰弹的弹丸必须承受发射时火药推进的冲击力，所以壁厚较大，爆炸时破坏厚重的弹丸外壁会消耗掉大量的能量，从而限制了破片的杀伤力和杀伤范围。

关于前膛炮的弹药，本书后面的第七部分还将从炮弹发展史的角度再做一些说明。

前膛炮从前部装填的特点以及弹丸与发射药分别装填的工作方式导致其射速低，这是它的一个明显缺点；加工精度不高导致闭气性不足，使其射程也受到影响。因此，在很多战役中，骑兵能依靠快速冲锋，抓住炮兵装填的间隙来侵袭炮兵阵地。与此同时，由于使用黑火药，发炮时烟雾弥漫，很容易遮挡视线，尤其是在海战中，狭窄的舱室中弥漫的浓烟使人窒息，炮手的视野更无法保证，所以火炮的作战效能不尽如人意。

下面通过战例来了解一下早期前膛炮在当时战争中的运用和效果。

战例1　君士坦丁堡攻城战

君士坦丁堡（即现在的伊斯坦布尔）曾经是东罗马帝国的首都，建于公元330年，公元1453年被奥斯曼土耳其帝国的苏丹穆罕默德二世占领，并改名为伊斯坦布尔，成为其帝国首都。攻占君士坦丁堡的战役持续了近半年时间，其间，土耳其方面的火炮发挥了重要作用。

君士坦丁堡拥有当时全世界最坚固的城墙，分为内外两层。有记载称内层城墙高9米，厚达4.8米，每隔50米左右有瞭望塔，高达18米。外墙几乎和内墙一样厚实，而且南边的海岸也有10米多高的城墙保护。在城东，是著名的金角湾，

枪炮技术的发展与战例

图1.8 中世纪手稿中的君士坦丁堡的城墙

为了阻止土耳其战舰攻击东面的城墙，康斯坦丁十一世用铁链拦住了金角湾的入口。依靠冷兵器的军队很难攻破城墙的防守，但苏丹穆罕默德二世手上掌握着攻城的秘密武器，那就是匈牙利铸炮师乌尔班为其制作的穆罕默德大炮（也被称为乌尔班大炮）。由于该炮太大了，必须分成两部分，分别运到战场再组装起来。它的炮管长29英尺（8.8米），炮膛也超过26英寸（0.66米），每次能将半吨重的坚硬石制炮弹射出1英里（1.6千米）。它需要60头牛和400个人实施运输和操作，装填一次炮弹就需要两个小时。为了制造这种当时世界上最复杂的武器进行战斗，土耳其人在君士坦丁堡的外围临时建起了60多

一、前膛炮

乌尔班大炮已经失传，这门曾用于在伊斯坦布尔城外防御达达尼尔海峡的"达达尼尔大炮"就成了研究乌尔班大炮的最重要实物。

图1.9 达达尼尔大炮

座大型铸造厂。

　　穆罕默德二世刚开始采用火炮持续不断轰击的方式来破坏城墙，而守军则尽力以最快的速度修补出现的破损。由于火炮射速的不足以及守军的出色表现，这样的对峙持续了近一个月而没有进展。穆罕默德二世开始改变策略，尝试过使用攻城梯和挖隧道炸毁城墙基座的方式，也都被守军一一化解。最后阶段，穆罕默德二世针对城内守军数量少的特点，采取了在各处全面进攻使守军顾此失彼，同时集中一处猛烈轰击城墙以阻止守军迅速修复的战术。由于马尔马拉海和博斯普鲁斯海峡的洋流影响，土耳其军舰对靠海一侧城墙的轰击一直效果不佳，无法起到很好的牵制效果，而风平浪静的金角湾则被铁链封锁入口，难以进入。对此，土耳其人竟然用涂上油的滑板和滚轮运输的方式，将其战舰通过陆路运进了被铁链封锁入口的金角湾，使战舰上的大炮能够连续轰击城墙，以分散守军的兵力。最后土耳其人发动总攻，在占领内外城之间的一片空地后，几名士兵发现城墙上的一扇守军用于撤入内城的小门没有被及时关闭，于是蜂拥而至的土耳其士兵由此杀入了内城，形势开始对土耳其人有利。之后，罗马人的将领吉斯提尼受伤被抬出战场，守军士气受挫，形势急转直下，防线崩溃。土耳其军队最终占领了君士坦丁堡，实施了3天的劫掠（穆罕默德二世为激励士兵而许下的承诺），整个城市遭到了空前的破坏，以至于多年后，穆罕默德二世还要从其它地区移民来维持伊斯坦布尔的人口。

图1.10　君士坦丁堡攻城战示意图

在君士坦丁堡攻城战中，匈牙利人乌尔班的火炮起到了决定性的作用，可以说没有重炮的帮助，土耳其人很难对君士坦丁堡的城防系统造成实质性威胁。持续不断的火炮轰击消耗了守军大量人力和物力，使其最终出现失误并被土耳其军队抓住。如果没有重炮，仅仅依赖冷兵器攻城，土耳其军队在短时间内占领君士坦丁堡是不可能的。

一、前膛炮

小八卦：匈牙利人乌尔班

帮助穆罕默德二世铸炮的匈牙利人乌尔班最初曾投奔君士坦丁十一世，但由于东罗马帝国无法支付高额的报酬而转投奥斯曼土耳其帝国。据说乌尔班铸造的大炮中，有一门最大，其它一些稍小，在攻城战中由于发射次数太多，在一次发射时最大的大炮发生炸膛，导致在一旁的乌尔班本人也被炸身亡。

战例2 勒班陀海战

勒班陀海战是以桨帆战舰为主力的最后一场大型海战，这场海战之后，海战进入了风帆时代。土耳其人在1570年占领了威尼斯共和国的海外根据地法玛古斯塔，使得地中海上的塞浦路斯接近沦陷。威尼斯共和国认为奥斯曼土耳其帝国对其贸易通道的威胁已经不能忽视，因此联合西班牙国王和罗马教皇，组织了一支基督教多国联合舰队，形成"神圣联盟"，来阻止穆斯林海上力量的扩张。

当时欧洲最先进的威尼斯兵工厂为"神圣联盟"提供了大量的战舰，其中最重要的就是用大型商船改装的6艘巨型战舰。这种战舰长49米，宽12米，有76支大型木桨，每支桨需要6个人划动。它能携带5门50磅火炮（注：1磅≈0.45千克），2~3门25磅火炮，23门轻型火炮，以及安装在舷侧的用于杀伤对方人员的20门旋转炮，这些武器足够装备5艘普通的单层甲板战舰。虽然无法考证是否当时每艘巨型战舰都装备了那么多的武器，但毫无疑问的是，巨型战舰的威力是惊人的。当

 枪炮技术的发展与战例

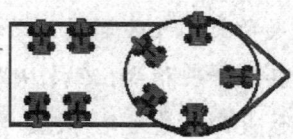

图1.11 威尼斯兵工厂制造的巨型战舰和其炮位布置示意图

然其机动性也有缺陷,需要其它的单层甲板战舰拖动,但这在拥有近百艘战舰的舰队中就不是那么突出的问题了。

"神圣联盟"方面的统帅是当时西班牙国王腓力二世的私生子弟弟唐·胡安,他没有选择巨型战舰作为指挥舰,而是选择了一条轻型的单层甲板战舰作为旗舰,以便于迅速驶向舰队各处发布命令。1571年10月7日早晨,唐·胡安的基督教舰队在佩特雷湾与土耳其舰队遭遇,他的一些部下看见土耳其舰队后要求后退,他回答道:"现在已经不是提建议的时候了,现

图1.12 "神圣联盟"旗舰的模型(巴塞罗那海事博物馆藏)

一、前膛炮

在应该进行战斗。"随即发出信号,向土耳其舰队发起进攻。

唐·胡安将6艘巨舰放在舰队中路前方的位置,利用其强大的火力威胁土耳其舰队的舰船,同时其它舰船出现在两翼,形成一个新月形的阵线。土耳其舰队指挥官阿里帕夏面对这些巨舰陷入两难境地:如果直接进攻巨舰,则其侧翼将暴露在两翼基督教舰队的火力之下;如果绕开巨舰,减少其对自己的伤害,则舰队会被分割成几块,难以互相支援。阿里帕夏采取了后一种策略,在绕开了巨舰之后,分散的舰队遭到两翼基督

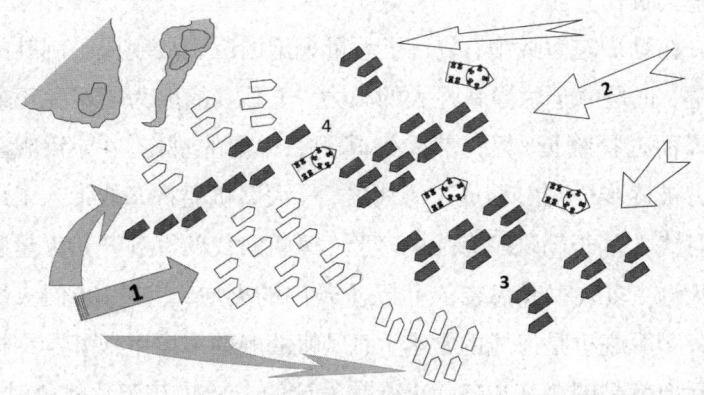

■▶ 土耳其战舰　　▷ 基督教"神圣联盟"战舰　　▷※ "神圣联盟"的巨型战舰

1 基督教舰队驶进佩特雷湾,向土耳其舰队的停泊地前进;
2 出于自信,土耳其舰队开始时直接驶向基督教舰队,而对方已经排成新月形,中路突前的尖角指向土耳其舰队;
3 土耳其舰队面对"神圣联盟"的巨型战舰劣势明显,无法突破,只能在基督教舰队的巨型战舰周围行驶,导致舰队被逐步分割,侧翼战斗逐步对基督教舰队有利;
4 一些土耳其舰船成功突破了基督教舰队的侧翼,但大部分被基督教舰队围困或搁浅。

图1.13　勒班陀海战示意图

15

教舰队的围攻，同时，6艘巨舰则在拖曳下调转方向，停用舰首大炮，改用舷侧的大炮从后面打击土耳其舰船。当时的海战还很依赖船上的撞角撞击的战术，舰船间距很近，双方都想方设法将各种稀奇古怪的武器投向对方舰船，并伺机登上对方舰船展开混战。当时的西班牙战舰已经给人员配备了火绳枪，同时舷侧的回旋炮也能大量杀伤对手，土耳其人则用弓箭还击。最后尽管有部分土耳其战舰突破了基督教舰队的两翼，但主力被"神圣联盟"全歼，付出了30 000人战死、170艘战舰被俘的惨重代价。

在勒班陀海战中，装备了大量火炮的巨型战舰成了制胜的关键，正是由于忌惮其强大的火力，土耳其战船为了避免正面交锋而选择绕行（但仍然受到其侧舷火炮的攻击），导致舰队主力被逐步分割。勒班陀海战之后，大型帆船将海战带入了风帆时代。基于勒班陀海战的经验，风帆时代的军舰开始大量装备火炮，多数军舰都装备了超过50门的火炮，超过100门火炮的大型军舰也是海战的常客，而风帆战舰的多层甲板基本结构实际上就是围绕其装备的火炮来设计的。1840年鸦片战争时，正是装备了大量火炮的多层甲板结构的风帆战舰，跨越数千海里，击溃了故步自封的清朝政府的海防。

二、滑膛枪

很多人都会问枪和炮的区别是什么，现在通常以口径为区分标准，而在欧洲，最初分辨枪和炮实在是太简单了：单兵拿的就是枪，多人操作的就是炮。当然，最初的火枪单兵操作起来很不容易。

早期的枪受金属冶炼和机械加工能力的限制，枪管都是一端封闭的金属管，弹药必须从枪口装填，枪管内壁也没有今天常见的膛线而是光滑的，被称为"前装滑膛枪"。根据其击发装置的不同，分为火绳枪、燧发枪、火轮枪和击发枪等不同种类，使用时间最长和最常见的是火绳枪和燧发枪。

1. 火绳枪

火枪几乎和火炮在欧洲有着同样长的历史。相比火炮，火枪在最初的300年中变化更多一些，从火绳枪逐步发展到燧发枪（之后又出现过雷管击发枪）。其实在火绳枪出现前就有类似于火炮但可单兵操作的"小口径身管武器"——火门枪。和火炮一样，火门枪需要点火引燃发射药，再瞄准目标射击。火门枪使用上的不便催生了火绳枪，其原理是用扳机带动固定着火绳的杠杆，将火绳的火种准确地送到一个叫"药池"的机构上。药池和大炮上的"火门"作用一样，但位置移到了枪管的一侧。药池和枪管底部的发射药相连，点燃药池内的火药就能引燃封闭的枪管内的火药。火绳枪的火绳在当时可算是"高科技产品"，因为让火绳稳定而缓慢地燃烧是件很困难的事，制作火绳的方法五花八门，甚至有用动物尿液浸泡后晒干的。

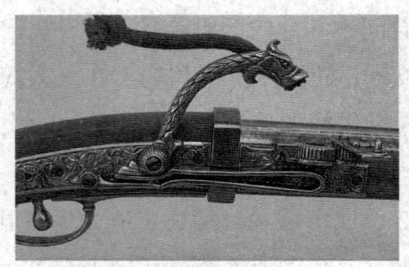

图2.1　火绳枪（局部）

由于火绳枪的可靠性不是很好，同时精度也欠佳，所以16世纪的火绳枪兵需要以方阵的形式战斗，而且只是支援长矛兵或戟兵，在遭遇敌方骑兵时还要依赖长矛兵的保护。由于操作火绳枪是一件颇费体力和时间的事，如果没有长矛兵的保护，敌方骑兵在火绳枪兵重新装填的时间间隙内就可以从射程外冲到火绳枪兵的眼前，对还未完成装填的火绳枪兵实施胜负毫无悬念的屠杀。所以，16世纪的步兵方阵都是火绳枪兵与长矛兵混编的。

2. 燧发枪

燧发枪是在火绳枪的基础上发展而来的武器。燧发枪的击发机构称为"flint lock",它有两个重大的革新。一是燧发点火,这样不需要借助火种就能射击,而且能多次反复使用。如果再考虑到下雨或潮湿天气对火绳枪的影响,燧发枪在适用性上可以说有了革命性的提高。第二个重要的革新是火帽的使用。火帽是盖在药池之上的弧形机构,它能同时达成与燧石摩擦发火以及防止药池内的火药流失这两种功能。平时火帽覆盖在药池之上,扣动扳机时,燧石与火帽上部摩擦产生火星,同时燧石在沿火帽滑动的过程中又将火帽打开,使得产生的火星正好落到药池内的火药上,引燃枪管后部的发射药而发射弹丸。燧发枪使得士兵能携带装填好的枪行动,从而随时可以举枪瞄准射击;同时装填也变得简单,由于火帽的封闭作用,枪手不需要分别在枪管和药池中装药,而只需向枪管中装填火药,部分药粉能从枪管自动流到药池中,从而提高了射速,也很大程度上提高了步兵对骑兵的威胁。

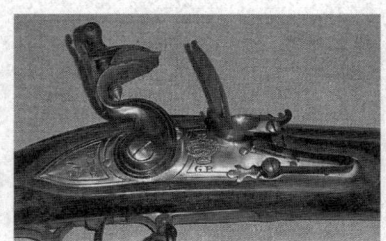 

图 2.2　燧发枪(局部)及其击发机构

3. 弹药

火绳枪和燧发枪都属于前装滑膛枪,由于当时技术所限,子弹和火药是分开装填的。火绳枪时代,火药用小牛皮袋盛装,铅制弹丸则放在另一个布袋中。需要现场将火药倒入枪管,再加入弹丸,用通条压紧,举枪架在枪架上,再向药池中加入火药,整个装填过程才算结束,这还不算点燃火绳并固定的过程。

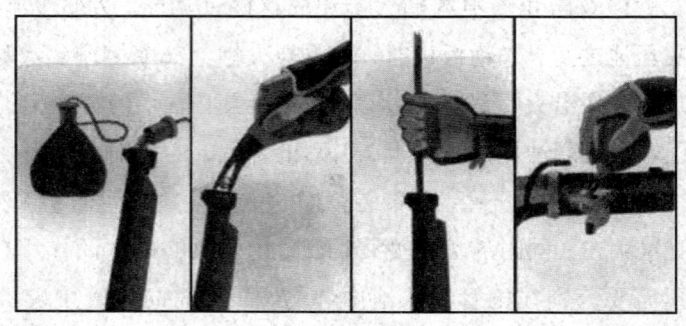

图2.3 火绳枪的装填过程

到了燧发枪时代,出现了纸包装弹,其实就是将每次发射的火药称好,和弹丸一起放在一个纸质包装中。射击时,只要咬破纸袋,将火药倒入枪管,然后再将纸和弹丸一起用通条捅入枪管,纸能填满弹丸和枪管之间的缝隙从而提高了气密性。这样整个装填过程速度更快,装填的火药量更精准,使射程和精度都得到了提升。

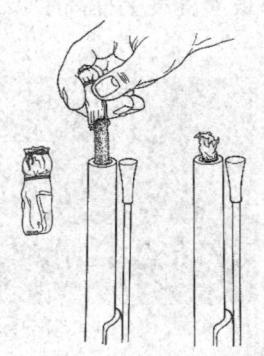

图2.4 纸包装弹的装填示意图

二、滑膛枪

冷知识：1857年印度民族起义的导火索

笔者在中学学习历史时曾经看到教科书上描述这次民族起义的诱因是信仰印度教的士兵对使用牛油润滑的子弹非常抗拒，认为使用这种子弹亵渎了印度教奉为神灵的牛。当时一知半解，总觉得不过是润滑一下子弹而已，不至于上升到亵渎神灵的地步。殊不知当时的子弹不是现代的金属定装弹，而是纸包装的子弹，装填时需要用嘴咬破纸袋，会吃进牛油，而吃牛油是犯了印度教大忌的行为，从而引发了一系列暴乱。所以，学习历史也要具备一定的兵器知识，毕竟战争是人类历史中最重要的部分之一。

4. 配件

前装滑膛枪的最重要配件就是刺刀。刺刀之所以重要，是因为前装滑膛枪的射速实在太慢，同时精度欠佳，射程其实也有限，50米外对于普通士兵而言已经很难准确命中目标了，所以必须采用密集的队形齐射才能确保杀伤效果。由于快速机动的骑兵有机会利用射击装填的间隙对近战时毫无防御力的火枪手实施突袭，因此火枪手必须能够防御骑兵的冲击，而刺刀是他们唯一能随时依靠的武器。关于刺刀起源的说法有多个版本，一般认为最早的刺刀出现于法国的一个小镇巴荣内（Bayonne），所以英语中刺刀叫 bayonet，是不是有点像欧洲人把瓷器叫 china（昌南，景德镇的旧称）？最早的刺刀是插在枪管中的，一旦上了刺刀就无法再射击了。之后在1688年，新式的套管式刺刀出现,不再妨碍正常的射击,同时在膛中无子弹时火枪还可以当长矛使用。刺刀的出现直接导致了战场上长矛兵和戟兵的消失,现在只有在梵蒂冈大教堂周围才能见到他们的身影。

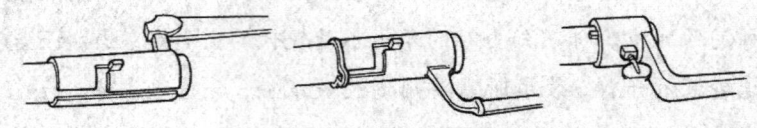

图2.5 套管式刺刀的固定方式

现代战争中刺刀已经不再那么重要,但在17~19世纪漫长的两百年间,由于枪械装填速度慢、射程不足以及精度低,刺刀是非常重要的武器,甚至在步兵战术中有着极其重要的位置。

5. 战术

前装滑膛枪时代步兵采用的是列队轮转射击的方式,一是为了确保火力的连续性(单兵装填速度太慢),二是为了保证射击的有效性(当时的火枪精度实在有限)。火枪兵方队会有6~9行纵深,纵深行数需要与士兵的装填速度匹配。最初西班牙方队有9行纵深,后来荷兰步兵通过训练提升了装填速度,纵深可以减少到6行,这样,荷兰军队用2/3的兵力就能达到相同的火力,战斗力大大提高。列队射击的战术持续了两百年,很多人称其为"排队枪毙"战术,因为这种战术需要士兵们保持整齐紧凑的队列,勇敢地面对使用同样装备进行齐射的

二、滑膛枪

敌军队列，最后谁的队形先崩溃谁就是失败者。一直到美国南北战争时期，装填快、射程远、精度高的后装来复枪和金属定装子弹出现后，列队射击战术才被散兵线战术逐步替代，有人形容这种变化为：战场忽然间变得空空荡荡。

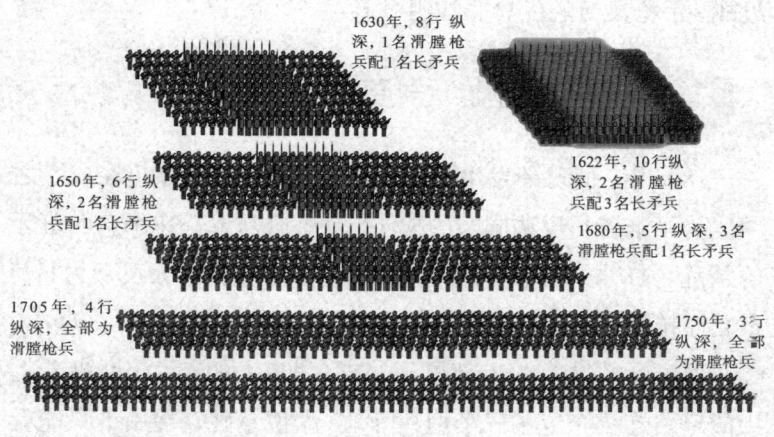

同样200人的兵力，在不同年代，随着步枪兵和长矛兵在方阵中比例的变化，方阵火力覆盖区域大幅度提升。

图2.6 列队射击战术

当时的骑兵也带枪，当然只能开一枪，因为在飞奔的马上完成复杂的装填是不可能的。曾经也出现过骑兵列队轮转射击战术，想象一下驾驭着战马飞奔，然后急停、列队、射击……同时被射击的混乱场面，读者就能理解为什么骑兵们很快又重新拿起了马刀和长矛，利用步兵射击的间隙，依靠速度上的优势，扛住1~2轮射击造成的伤亡，越过阵地前的障碍或者突破第一排步兵的刺刀，冲进步兵的阵地，破坏阵型，引导自己的步兵到达阵地前对对方实施射击（这也是现代马术运动中速度

枪炮技术的发展与战例

赛和障碍赛的来源)。

骑兵带的枪,早期是短管的步枪,后来因为使用不便改为手枪,一般只在近战中使用。虽说只能开一枪,但在危急关头这一枪是能救命的。尤其是在骑兵落马后,和手持步枪的步兵近战,手枪灵活的优势非常明显。

战例1　索莫谢拉战役

1808年,西班牙发生叛乱,而第四次反法同盟也在成立之中。为了准备与反法同盟的战斗,拿破仑需要快速平息西班牙的叛乱。11月,他亲率大军,前往马德里准备消灭反叛力量,索莫谢拉就是通往马德里大路上的一个山顶隘口。

西班牙军队在山上部署了一支9 000人的部队,并沿着上山的道路连续布置了三个炮兵阵地(据说拿破仑在山下只能看见第一个炮兵阵地,根本不知后面的情况),一直延伸到山顶的隘口。在之前一天,吕芬将军的步兵师已经尝试对山上的步兵实施进攻,结果难以突破对方的防线。拿破仑第二天(1808年11月30日)再次命令吕芬进攻,并安排法国骑兵配合,但毫无进展。他看到战况后怒气冲天,大吼着命令他的骑兵护卫队(由波兰骑兵组成的125人的部队)队长扬·科捷图尔斯基上校:"夺取那个隘口,马上!"

这个疯狂甚至还很含糊的命令丝毫没有让波兰骑兵犹豫,科捷图尔斯基上校马上对士兵大喊:"冲啊,狗崽子们,皇帝看着我们呢!"随后,125名骑兵被编为4个纵队以应对狭窄

二、滑膛枪

陡峭的山路,部分被波兰骑兵勇气鼓舞的法国骑兵也加入了他们的行列。尽管吕芬将军在迅速组织支援的部队,但波兰骑兵们没有等待,立刻以迅雷不及掩耳之势对西班牙炮兵阵地发起了冲锋。尽管炮兵阵地上的炮兵和路边的步兵向他们不断射击,但没能阻止这支英勇的部队,他们很快冲破了防守,占领了第一个炮兵阵地。按理说他们可以停下来休整了,但指挥官觉得自己的部队还能继续前进,立即又发起了对第二个炮兵阵地的冲锋。面对更有准备的敌军,有更多的骑兵和战马倒在路上,但骑兵们没有丝毫迟疑,以最快的速度冲到阵地前,挥舞着寒光闪闪的马刀,将毫无防御之力的炮兵清理干净。这个时候,指挥官又做了一个令人难以置信的决定:带领剩余的勇士和疲惫的战马,继续去夺取第三个炮兵阵地。当英勇无比的波

图 2.7 索莫谢拉战役——波兰骑兵最伟大的胜利之一

 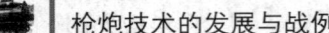
枪炮技术的发展与战例

兰骑兵冒着枪林弹雨,以伤亡过半的代价拿下第三个炮兵阵地的时候,后续的法国骑兵和步兵士气大振,尾随着血染征袍的波兰骑兵,一鼓作气,向隘口的西班牙部队发起进攻并夺下了阵地。

当拿破仑看到法军旗帜在山顶飘扬时,随即命令发起总攻,西班牙军队立刻溃败。整个战役在几分钟内出现了戏剧性的逆转,通往马德里的道路已经洞开。拿破仑本人到达第三个炮兵阵地时,见到了几乎失去知觉的波兰骑兵中尉安德泽伊·涅戈列维斯基,他在冲锋中11次负伤。拿破仑不仅跪在他身旁感谢他的勇敢,还将自己的荣誉勋章取下佩戴在涅戈列

图2.8 索莫谢拉战役中拿破仑和主力部队到达山顶隘口

二、滑膛枪

维斯基胸前，并大声宣布波兰人是大军中最勇敢的骑兵。事后，拿破仑不仅把索莫谢拉战役的胜利完全归功于波兰骑兵，还将他们直接编入自己精锐的老近卫军内。

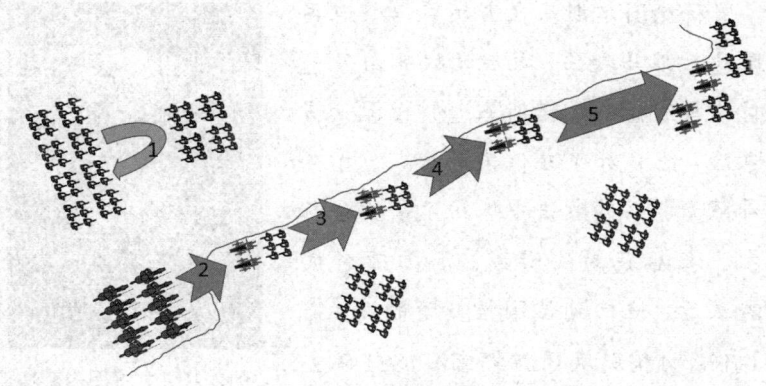

1. 吕芬将军的进攻因为地形的劣势而无法取得进展；
2. 波兰骑兵得到命令开始进攻第一个炮兵阵地；
3. 波兰骑兵向第二个炮兵阵地发起进攻；
4. 在遭受不小的伤亡后，剩余的波兰骑兵和疲惫的战马重整队形，进攻第三个炮兵阵地；
5. 随后赶到的法国步兵和骑兵一举拿下隘口，打通了前往马德里的道路。

图2.9 索莫谢拉战役示意图（局部）

从索莫谢拉战役可以看出，受当时燧发枪的射速、射程和精度等的限制，步兵在面对骑兵时处于某种劣势，而骑兵冲锋是突破步兵防线的好方法。当然骑兵无法守住阵地，因此骑兵与步兵的协同非常重要，在骑兵冲锋后，步兵必须快速跟上，以整齐的队形发挥火力优势清除队形混乱的敌军士兵并占领阵地。当然，训练有素的步兵在骑兵面前也并非不堪一击，在后来的滑铁卢战役中，缺少了当时最优秀的骑兵指挥官缪拉元帅的精锐的法国胸甲骑兵，就遭到了训练有素的英国步兵的顽强阻击。

小八卦：索莫谢拉战役中两位英勇的骑兵军官的结局

科捷图尔斯基在占领第二个炮兵阵地后落马受伤，之后的战斗由另一位指挥官德齐瓦诺斯基上尉指挥。伤愈后，他参加了在俄国的战斗，并在哥萨克骑兵的袭击中保护了拿破仑本人。之后获封法国男爵。拿破仑被流放后，他回到俄国控制下的波兰，担任第4枪骑兵团指挥官。1821年去世，年仅39岁。

图2.10　科捷图尔斯基

而涅戈列维斯基则在之后的军旅生涯中升任骑兵上校，后来进入波兰议会担任议员。他还是著名的波兹南大集市的股东之一，于1857年70岁时去世。

战例2　滑铁卢战役

1815年，拿破仑逃离了流放他的厄尔巴岛，回到巴黎，重新组织军队，并向最后一次反法同盟的英国和普鲁士联军发起进攻。在滑铁卢战役之前，拿破仑首先击溃了普鲁士军队，但没能消灭他们。为此，拿破仑将1/3的兵力交给格鲁希元帅，要求他追击普鲁士军队，而他自己则率领主力在滑铁卢向威灵顿率领的英军发起进攻。

二、滑膛枪

滑铁卢战役在一座叫圣让山的平缓山丘上进行。威灵顿率领的英国军队需要守住防线，而在英国军队防线之前的两个小村庄则成了整个战役的焦点：拉海圣位于战线中部位置，而豪格门特城堡位于英军的右翼。1815年6月18日战役开始后，拿破仑的堂弟热罗姆率领法军首先进攻豪格门特，双方一直僵持不下，甚至吸引了本应向英军防线中心发起进攻的法军兵力，导致法军的兵力无法用在最需要的地方。

在战线中部，内伊元帅则组织了数个密集的纵队对英军发起进攻，而英军因为是防御作战，早就布置好了横队。英国步兵团训练有素，通过齐射沉重打击了法军的进攻。随后英军也发起了一次反击，在骑兵的支援下追击法军。显然法军的训练水平在当时也是一流的，英军的骑兵冲锋同样损失惨重，被迫撤回。威灵顿随即将步兵后撤，避免遭到法军炮兵的袭击，而内伊元帅则认为这是退却，于是组织了一场骑兵冲锋。笔者个人认为，这是法军在滑铁卢最大的败笔。这次冲锋很快陷入英军两个斜向布置的炮兵阵地的打击中，这种交叉火力给法国骑兵造成了巨大的伤亡；同时，火炮在骑兵追近后迅速撤入步兵方阵中，英国步兵则熟练地使用轮转齐射战术，配合第一排士兵使用刺刀抵御骑兵的冲击，坚守不退。内伊两次大规模的骑兵冲锋将法军有生力量消耗殆尽，却未将英军打退，仅仅是日耳曼步兵团因弹药耗尽而丢失了拉海圣。

下午时分，作为英军援军的普鲁士军队开至战场，而之前负责追击普军的格鲁希元帅带着的1/3兵力却没能及时回援。拿破仑不得不再分出部分兵力应对，这样就出现了严重的兵

枪炮技术的发展与战例

员不足,无法突破英军防线。夜晚时分,他动用了最后的预备队即精锐的老近卫军发动进攻,但依然在英军的顽强防守前止步,损失惨重,最后不得不撤出战斗,从而输掉了整场战役。

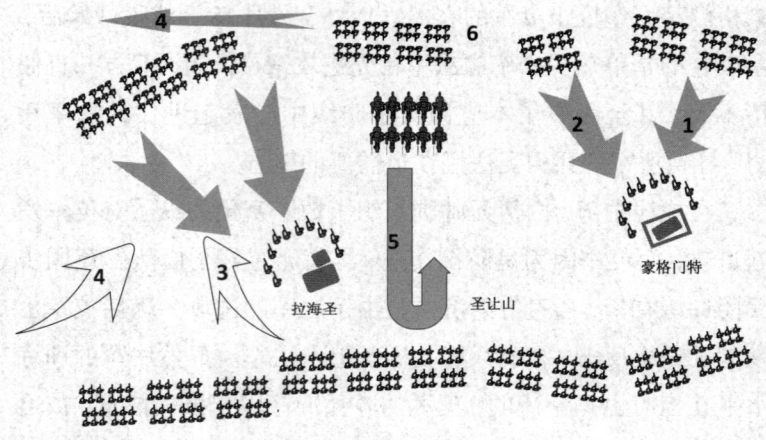

1. 热罗姆进攻豪格门特城堡的英军,战役打响;
2. 另一支法军加入豪格门特城堡之战,却没有进攻英军防线的中心;
3. 法军发动步兵进攻,英军通过齐射和随后的重骑兵冲锋打退法军;
4. 第一支普鲁士军队到达战场,迫使拿破仑调动部分预备队以应对后翼的威胁;
5. 缺少步兵支援的法军骑兵发起进攻,但被英军方阵击退;
6. 夜幕降临,拿破仑动用精锐的老近卫军试图突破防线,但遭到步兵火力压制,被迫撤退。

图2.11 滑铁卢战役示意图(局部)

下面这幅油画展示了滑铁卢之战中英军步兵阻击法军骑兵进攻的标准战术。最前排的士兵下蹲,端起刺刀向斜上方,用来阻止马匹的冲锋;后面2~3排士兵依次装弹、射击,凭借密集的队形形成杀伤力极强的弹雨,大量杀伤对方的人员。士兵必须具备纪律、勇气和技术,保持队形整齐,面对威胁绝不后退,同时装弹射击速度要快,整个横排的动作节奏要统一,

二、滑膛枪

这样才能充分发挥横队的火力。一旦部分士兵因畏惧而后退,就会打乱整个阵型,对方的骑兵一旦冲入密集的方队,长矛、马刀的威力配合战马的速度会完胜混乱中的前装滑膛枪(只能发射一发子弹而没有时间装填)。

图2.12 滑铁卢战役中的英军步兵以刺刀和滑膛枪齐射来抵御法军骑兵的进攻

滑铁卢之战展示了步兵的威力。随着滑膛枪使用熟练程度的提高,其火力优势得以发挥,横列步兵"排队枪毙"战术逐渐成熟。理论上说,这其实只是希腊方阵随着武器变化的一个延伸,在前装滑膛枪被后装来复枪(线膛枪)淘汰之前的时间里,这种战术历经了美国独立战争、英法殖民战争甚至中国的鸦片战争。步兵需要依靠整齐密集的队形和标准划一的射击动作来发挥前装滑膛枪的火力,以此来弥补其射速、射程和精度上的不足。直到普法战争和美国南北战争后期,后装来复枪和金属定装弹出现,才使得步兵战术出现了深刻的变化。

三、火炮的机动与标准化

火炮的出现改变了战争的规则。尽管中世纪的火炮在各方面都存在着巨大的不足,但火炮导致中世纪出现的最大变化至今我们都能感受到:我们今天能看到的高大的欧洲城堡都是中世纪之前建造的,那之后欧洲基本不再建造新的城堡了。因为,高大的城墙不仅无法承受威力日益增大的火炮的轰击,同时臼炮的出现也使得炮弹能飞越城墙打击城堡内部;而对于防守方更为糟糕的是,高大的城墙使得大炮和炮弹很难被搬运到

位于荷兰格罗宁根的波尔坦格城堡是中世纪后修建的典型要塞,低矮的城墙便于部署防御用的火炮,城墙呈星形排列,便于相互进行火力支援。

图3.1 波尔坦格城堡

三、火炮的机动与标准化

合适的位置,更别说在城墙上机动,这导致城堡彻底丧失了其原有的防守优势。很快,高大的城堡就被低矮的要塞替代,攻城战也逐步让位于野战,火炮的打击目标也从固定的城堡逐步转向步兵和骑兵等活动目标。从这个时候开始,战争对火炮的机动性提出了新的要求。

1. 火炮的机动及其它技术革新

(1) 炮架和炮车

火炮直到今天依然是非常笨重的武器,显然,在只能依靠人力和畜力的时代,火炮的机动是非常困难的事。移动火炮首先需要专用的炮架,一类是用于相对固定的火炮的小型炮架(如要塞炮和舰炮),另一类是针对需要长距离移动运输的大型炮架。

在前装炮的时代,无论哪种形式的炮架,都需要有轮子便于移动;为了快速从运输状态转为射击状态,还要有能快速调整俯仰角度的机构来调整射击角度。炮架和炮车的出现满足了这些需求,随着炮架和炮车在结构上不断改进,在中世纪结束时,野战炮兵已经成为战争中的决定性力量。

图3.2 早期的炮架和炮车

枪炮技术的发展与战例

除了舰炮之外，火炮的机动以骡马炮兵的出现为成功转型的标志，在18世纪末19世纪初完成。炮兵能够和野战军团一同实施机动，对炮兵在战争中地位的提升非常重要，因为中世纪后，随着城堡的没落，战场更多是在野外而不是在城堡附近，炮兵的机动性决定了火炮能否成为野战军团的主要战斗力量。骡马炮兵的出现，是拜当时新式的炮车所赐，炮车分为前车和后车两部分，前车连接骡马等牲畜，后车行军时与前车相连，战斗时迅速与前车分离，进入阵地待发。炮车上还可以装几个弹药箱，并安排部分操炮人员坐在炮车上随行，这样能提高炮兵部署的速度。图3.3显示了18世纪末炮兵操炮时的标准位置，从中可以看出，士兵的岗位基本都是以炮车和炮架位置为中心安排的。

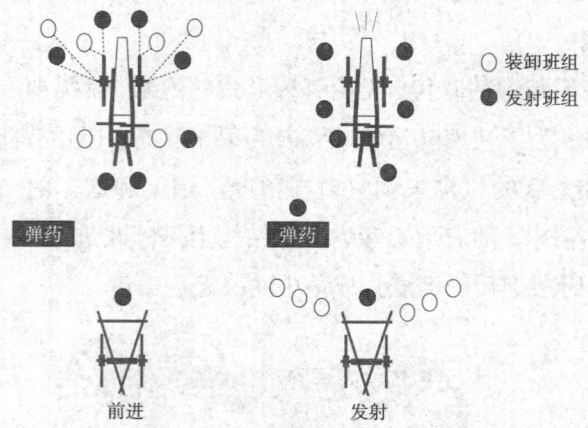

图3.3 拿破仑时代法国炮兵班组在前进和发射时的位置安排

法国在18世纪时就建立了炮兵学院培养专业炮兵，源源不断的火炮人才使得法国在火炮设计领域一直保持着领先。

三、火炮的机动与标准化

老式的炮架只考虑到机动性,设计得过于平直,没有考虑到火炮后坐力的转移,火炮射击后会后退很长距离,需要炮兵重新推回原位,这种运动对木质为主的炮架结构也有着很大的损伤。法国人很快设计出了新型的炮架,使用了更多弯曲的结构,将火炮的后坐力尽量转移到地面上,这样就减少了火炮的位移,提升了射击效率,使法国炮兵获得了对当时奥地利和普鲁士炮兵的优势。

除了炮车和炮架,在18世纪时,很多其它火炮相关技术的革新也推动了火炮技术的发展。

(2)螺旋榫子和螺杆调节系统

老式火炮用置于炮尾的楔形木块的移动来调节火炮的俯仰。普鲁士炮兵发明了一种用螺纹来移动的螺旋榫子,使得一个人就能快速调整火炮的射角。在螺旋榫子的基础上,又发明了螺杆调节系统,能更精确、更简单地快速调节俯仰角度。

图3.4　螺杆调节系统(这是一门19世纪60年代的火炮)

（3）弹药筒

以前的火药是用长柄勺直接装入炮尾，但这在战场上是极端危险的，炽热的炮管内一颗火星就能引爆黑火药。18世纪，法国人发明了弹药筒，弹药筒是用织物事先将定量的火药包裹好，不仅装填方便快速，储存和携带也更安全，射击前只需用一根针（火门针）刺破弹药筒，再用传统方法点燃即可。最初弹药筒以亚麻布制作，上面还涂有油漆，法国人后来用法兰绒制作。不过，即便使用纸质弹药筒也会形成大量的残渣留在炮管内，所以当时的火炮在每次射击结束后依然需要清理炮管，这也是前膛炮射速慢的重要原因之一。当时的12磅炮大约1分钟只能发射1发，较小口径的能勉强达到1分钟2发。

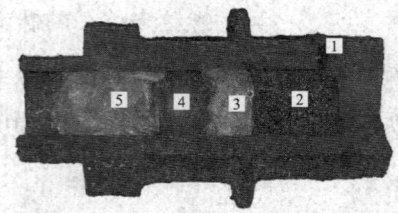

1为引火药，2为发射药，3和5都是麻制填充物（防止船的摇动导致弹丸在炮管中移动），4是弹丸。

图3.5　老式舰炮的装填示意图（图片来自维基百科）

现代大口径火炮仍在使用弹药筒，美国海军现在用丝绸作为弹药筒的包裹物，因为丝绸燃烧后几乎没有残余固体。

（4）弹道学

奥地利、普鲁士、法国和英国等欧洲强国在弹道学上不断有所建树，弹道学的基础理论指导了对弹药使用的优化。比如，在法国炮兵学校任教的数学家伯纳德·福里斯特·德·贝利多(1698—1761)发现,即使弹丸的装药量大大减少,靠调整射击角度也能达到同样的射程和破坏效果,这使得轻型野战炮得以大量地出现;之后,英国人本杰明·罗宾斯对当时的弹道学提出了挑战,但他的研究仅限于滑膛枪,没有覆盖火炮;另一位英国人查尔斯·赫顿在1775年研究了火炮的弹道学,之后瑞士数学家莱昂哈德·欧拉不仅将赫顿的著作翻译成德文,还对弹道进行了进一步分析,修正了弹道学中的一些错误。欧拉和赫顿在弹道学领域共同享有显赫的声望,他们的努力使得炮兵的专业性得到了进一步的提高。

(5)减小公差

缩小炮管内壁和炮弹间的间隙(游隙)是历代火炮制造者追求的目标,减小公差不仅需要精确的尺寸,还要保证误差必须是单向的,因为炮弹尺寸任何时候都不能比炮管内壁更大。一系列的工具和方法被用于减小公差,使得火药的能量被充分利用,同时也使得火炮的标准化成为可能。

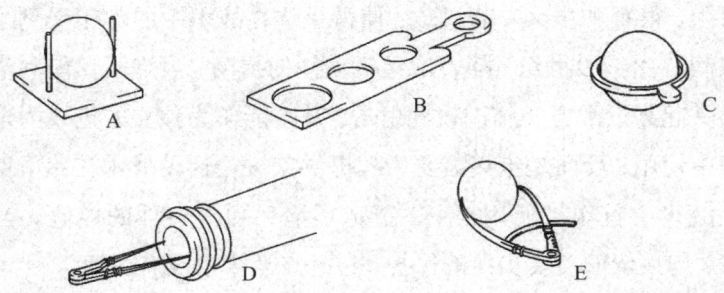

A 为单口径测径规,B 为三口径卡规板,C 为环外径卡规,D 为检测炮膛口径的丙脚规,E 为检测炮弹口径的两脚规。

图3.6 炮弹和炮管的测量工具

枪炮技术的发展与战例

(6) 雷管和可靠的爆炸弹

本书第一部分已介绍过，由于没有靠谱的引信，爆炸弹的可靠性非常糟糕。随着雷酸汞（一种靠碰撞就能引爆的化学物质）的出现，引信才变得可靠起来，爆炸弹也更多地用于实战。装有雷酸汞（雷汞）的薄壁金属管被用来作为击发火药的引信，这也是雷管名字的由来。雷管的发明，不仅使得爆炸弹变得更加可靠，其对枪支的发展也有革命性的作用，用雷管击发的枪支也开始大行其道（参见本书第四部分）。

这些或大或小的发明和革新，不断地改善着火炮在机动性、精度、射速和射程上的性能，使火炮的整体威力逐步提升，在战争中开始担当更为决定性的角色。

2. 炮兵战术和后勤

在稍早的时代，炮兵更多是配置在步兵方队中，用作防守的火力支援，自身要依靠步兵方阵的保护。早期的火炮机动性有限，很难和步兵一起进攻，使得火炮在战争中的作用受到了限制。18～19世纪，随着炮兵机动性的提高，火炮不仅能和步兵一起靠近敌方实施进攻性射击，甚至能作为独立的进攻力量集中使用，反而是步兵需要为其提供支援。这种战术在弗里德兰战役中首次被使用，一举奠定了炮兵独立兵种的地位。当然，炮兵依旧需要步兵的保护，这一点至今也没有改变。

炮兵在进攻时需要保持火力的密度，一方面大范围杀伤对方人员，另一方面也避免自己遭受攻击，所以火炮的可靠性、炮兵的熟练程度以及弹药供应的保障都极为重要。拿破仑时代法国军队有专门的"炮场"负责向战场运送火炮和弹药。拿破仑对火炮的弹药补给非常重视，坚持所有的大军团炮兵都要配置"双倍"弹药。师属炮兵连和炮场每门炮配170发炮弹，军属炮场的机动分队则还要另加85发，前方仓库还要保证每门炮250发炮弹的储存量，这样机动炮兵每门炮的炮弹量超过了500发（当时火炮的射速也就每分钟1~2发）。每门炮至少有3个弹药箱，一个随时和炮兵连在一起，剩余的则由辎重连负责运输或在炮场装运；如果和步兵师一起作战，还会多加4个弹药箱，用于运输步兵弹药，这种运作方式非常高效而可靠。拿破仑唯一一次差点将弹药用尽是1813年的莱比锡战役，当时他的辎重部队被阻隔在城外。

3. 舰炮的发展

对于海军而言，勒班陀海战之后，海军全面进入风帆时代，多层甲板的纵帆船成为主流。没有了大量桨手和桨，能空出大量的空间安放火炮和弹药，水手操炮的空间也大大增加。需要注意的一点是，舰船相比大地要不稳定得多，同时主要的打击目标也是能快速移动的船只。因此，舰炮有着一系列的设置规则和操作流程，这也是海军专业化的开始，这个趋势一直延续到300年后的今天。

首先所有的舰炮都必须按左右舷对称安排，否则就会出现船身重心偏移的情况；其次，为了避免火炮射击时的后坐力破

枪炮技术的发展与战例

木盆里的水是用来扑灭发射后产生的火星的,而那个少年是专门负责从底舱往甲板搬运火药的,以免甲板堆积火药过多而发生爆炸。

图3.7 舰炮操作的典型场景

坏船体结构,火炮必须是可移动的,但也不能随意移动(否则会影响重心,而且甲板空间狭窄、人员众多)。因此,舰上的炮架都是带轮子的,并由专用的索具和滑轮实施某种形式的约束,避免后坐力将炮身推出太远,同时又能消解后坐力对船体的破坏作用。

军舰上的工作条件颇为严苛。想象一下,下层甲板阴暗狭窄的空间中堆满了易爆的火药并有明火(照明用的油灯和点燃引信的火盆),黑火药燃烧后弥漫着令人窒息的烟雾,同时风浪使战舰不停摇摆;下层甲板还需要随时关闭炮门,以避免海水涌入,这也导致了炮手的视野被进一步限制。当时一门炮需要4~6名操炮水手,而当时主力战舰的火炮数量普遍超过了80门。

三、火炮的机动与标准化

这是藏于巴塞罗那海事博物馆的一个军舰模型（80门大炮）。为什么是模型？因为那时制造军舰没有图纸，是依靠模型来指导制造工作的。

图3.8　风帆军舰模型

4. 海战基本战术

风帆军舰的空间结构决定了火炮主要布置在两侧，所以风帆军舰之间的海战更多的还是接舷战，双方各自用侧舷的火炮对轰。由于火炮精度低，外加舰船航行不稳，火炮数量多的一方明显更有优势，因此，当时的军舰都会携带尽量多的火炮以

 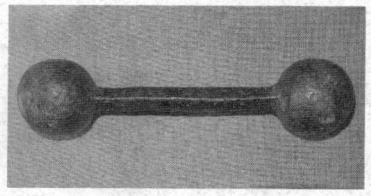

图3.9　链弹（左）和棒弹（右）

41

取得对攻时的优势。同时,海军也使用一些特殊的弹药,如用链弹来破坏风帆和索具,降低敌方战舰的机动能力;用棒弹来更多地杀伤敌方人员。

如果翻看历史,会发现当时的战舰鲜有被击沉的记录,就算被击沉也多是起火燃烧所致。由于以实心弹为主的弹药对船体造成的伤害有限,木制的战舰也容易维修,所以对攻侧舷很难分出胜负。实际上,风帆战舰最大的薄弱位置是船尾,不仅火力弱,而且一旦被击中,炮弹能横扫整艘战舰,造成巨大的破坏。在著名的特拉法加海战中,纳尔逊的英国舰队就使用了以纵队切断法西联合舰队横队的战术,充分发挥两个侧舷火炮的火力攻击两侧敌方军舰的舰首和舰尾,取得了一场大胜。之后,风帆战舰发展出一系列的战术来攻击对方舰尾或规避对方对舰尾的攻击。读者可能在电影中看到过风帆战舰互相追逐的紧张场面,那就是在抢占用侧舷火炮攻击敌方舰尾或舰首的有利位置。

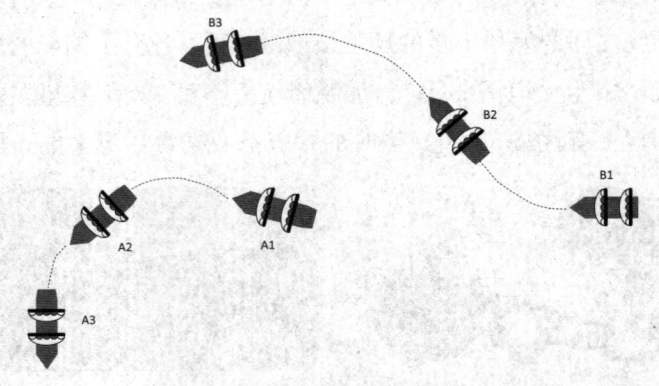

图3.10 风帆战舰的追逐

三、火炮的机动与标准化

无论陆战还是海战,中世纪之后,火炮的地位愈加重要,造炮和操炮变得更专业化。在18世纪时,出现了炮兵学院和独立的炮兵军种以及火炮的标准,火炮开始成了真正的战争之王,炮兵也开始左右战争的进程。

5. 火炮的标准化

在18世纪40年代,炮兵只是一个新兴的兵种,当时普鲁士炮兵对奥地利炮兵有着很大的优势,奥地利的利希滕斯坦亲王立志改变这种情况,开始了最早的火炮标准化尝试。他基于普鲁士的3磅、6磅和12磅炮,设计了标准化的炮架和炮管,充分利用了当时的先进技术,如普鲁士的炮管升降系统、法国的标准炮管技术以及前面提到的螺旋楔子等,使得火炮和载具的零件可以互换,炮兵的作战效率大幅度提高。同时,利希滕斯坦亲王还改革了炮兵学校教育体系,培养了大量优秀的炮兵军官。由于利希滕斯坦亲王的努力,奥地利炮兵很快就超越了普鲁士炮兵,成为当时欧洲最强大的炮兵,直到他被一个法国竞争者超越,那就是火炮标准化的另一个先驱者——法国人格利包佛尔。

格利包佛尔曾经在普鲁士和奥地利军队中都待过一段时间,充分学习了两国火炮的优点,当他在1762年被召回法国时,就提出了为法国建立一套全新的轻型火炮标准的计划。他对法国的野战炮进行了全面的改造,从炮口到炮架都使用了全新的设计,他的设计更加精细、合理,使得法国火炮在精度、

机动性、射程上都优于其它国家。格利包佛尔首先优化了炮管设计，设定了18倍口径的身管长度（普鲁士为14倍，奥地利为16倍），并提升了炮管的强度，规定每磅炮弹重量对应的炮管重量为150磅，相比于普鲁士的100磅和奥地利的120磅，法国火炮的寿命要长得多。格利包佛尔体系使用的炮弹标准是4磅、8磅和12磅（各国磅的概念是不一样的，法国的8磅基本相当于英国的9磅），他针对每种不同口径的火炮单独设计了炮架，并使用了更加弯曲的结构来缓冲后坐力。格利包佛尔不仅吸取了奥地利和普鲁士火炮的优点，还加入了很多自己的新发明，比如专用的拖曳钩索和皮革肩具，前者使士兵能在任何时间更换炮管，并且提高了火炮通过沟渠的能力，而后者使士兵在人力拉动重型火炮时更方便省力，这两项发明有效提高了火炮的机动性。格利包佛尔的另一项重要发明是移动量径器，可以检查炮管内部的裂缝。

格利包佛尔在制造技术上非常强调缩小公差，减少游隙（炮弹与炮管内壁的间隙），口径的公差都小于3.3毫米，而奥地利12磅炮的公差在6毫米以上（有兴趣的读者可以拿出尺子看看6毫米是个什么概念）。在制造过程中，新制造的炮弹要接受三种不同标准的检验，合格后方能使用。一是绝对尺寸的检验，二是确保游隙的存在（这样炮弹肯定能通过炮管而不会被卡住），三是让炮弹通过一个炮管而确保炮弹外壳没有破损，而同一时期的其它欧洲军队只使用一个标准来检验炮弹。

格利包佛尔系统在1765年被法国政府采用，直到1829年才被新的瓦莱火炮系统替代。这个系统的特点是简单易行，操作性强,射击精度高,为法国炮兵在1792~1815年间(法国大革命开始到拿破仑时代结束)的出色表现做出了重大贡献。这期间法国涌现了大批的优秀炮兵军官,其中包括伟大的拿破仑·波拿巴。骑兵和炮兵的协同作战是法国军队的信条,拿破仑依靠当时欧洲最强大的炮兵和骑兵部队,在军事史上留下了一系列辉煌的战例。

战例1 弗里德兰战役

战役最初法国拉纳元帅的部队被俄军主力部队指挥官奥古斯特·本尼格森将军发现在阿勒河西岸俯视弗里德兰镇。得知拉纳没有援兵后,本尼格森决定渡河将其歼灭。拉纳元帅与其巧妙周旋,以两万多人的兵力拖住了本尼格森6万人的部队,同时联络法军主力。拿破仑在1807年6月14日赶到战场.本想对俄军左翼发起进攻,但内伊元帅缺乏部署的步兵遭到了对岸俄军炮火的痛击,损失惨重,险些被俄军反攻打得全军覆没。

此时在法军战线中心的维克托第一军的杜邦步兵师则自行决定向前推进,该步兵师可以得到军团炮兵12门火炮的支援,但第一军炮兵总管塞纳蒙将军则提出集中军团所有的36门火炮,跟随杜邦将军一起推进。他将30门火炮分别编为两个炮兵连,布置在两翼,剩余6门火炮作为预备队。得益于火炮良好的机动性,炮兵们很快就超越了步兵。塞纳蒙命令炮兵前进到距俄军410米的距离开炮齐射了5~6发后,又大胆地

枪炮技术的发展与战例

命令部队前进到230米处再次开始炮击。不久后，塞纳蒙难以置信地命令炮兵继续前进，在135米处开炮（也有资料说距离不到90米）。法国炮兵连续快速射击了20多分钟后，4 000名俄军士兵战死，俄军的中心战线迅速被突破，内伊重整的部队和杜邦的步兵师打败了俄国近卫军。其间塞纳蒙的炮兵也遭到了俄国近卫骑兵的反攻，他组织炮兵连调转炮口，齐射了两发霰弹后，进攻被粉碎了。弗里德兰战役成了法国几次著名的大捷之一，7月，"提尔西特条约"签订，第四次反法同盟解体。

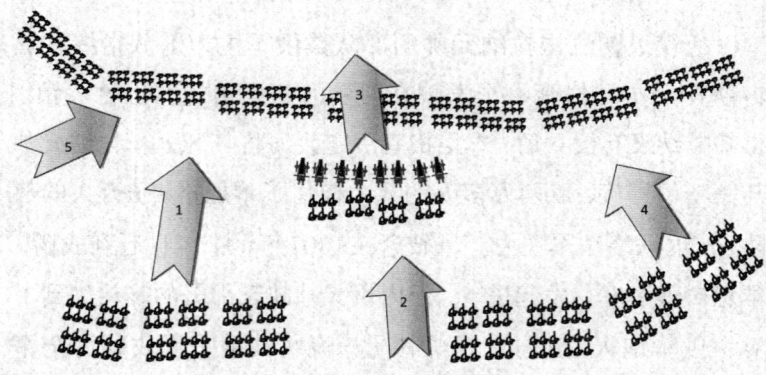

1 由于人数上远不及俄军，拉纳元帅采用拖延战术，等待法军主力赶到；
2 内伊元帅的部队赶到后迅速发起进攻，但遭到反击；
3 维克托第一军的杜邦步兵师向俄军战线中心挺进，塞纳蒙集中军团全部36门火炮推进到俄军战线前100多米的距离内，在20多分钟速射后，俄军4 000人阵亡；
4 内伊元帅的部队再次进攻，支援杜邦师，很快击溃了俄军；
5 法军左翼格鲁希的骑兵，在这一侧面对更大规模的俄军也占据了上风。

图3.11　弗里德兰战役示意图

塞纳蒙的这次史诗般的进攻被称为"塞纳蒙推进"，标志着历史上炮兵第一次成为一支独立的机动作战力量参与战斗，

三、火炮的机动与标准化

而在此之前,野战炮兵始终是对步兵起支援作用的兵种。塞纳蒙的战术在之后多场战役中被使用,从此改变了战场的规则。塞纳蒙在战斗报告中指出,他在6月15日共消耗了368发霰弹和2 516发实心弹,11人死亡,45人受伤,53匹战马死伤。如果按30门火炮消耗2/3的弹药于"塞纳蒙推进"的话,在20分钟的速射中平均每门火炮发射了64发炮弹,射速超过了每分钟3发,充分发挥出了集中使用火炮的优势。

小八卦:塞纳蒙将军

塞纳蒙(1769—1810)是拿破仑时期杰出的炮兵军官,出生于斯特拉斯堡,在梅兹炮兵学校学习,1785年加入炮兵部队。因在1800年马伦哥战役中的出色表现而获得勋章,并参加了著名的耶拿战役和埃劳战役。他在弗里德兰战役中的杰出表现如上所述,也为自己赢得了男爵头衔。1810年,在加的斯围攻战中不幸战死,享年41岁。1811年,装有塞纳蒙将军心脏的灵柩被安葬于巴黎的先贤祠。

图3.12 亚历山大-安东尼·乌雷奥·塞纳蒙将军

 枪炮技术的发展与战例

战例2　特拉法加海战

1805年9月,法国和西班牙联合舰队指挥官维伦纽夫得到拿破仑的命令,率领舰队(共34艘军舰)从加的斯港前往那不勒斯集结,以破坏第三次反法同盟,防止俄国和英国在意大利合作,而英国舰队指挥官纳尔逊海军上将则要阻止这一行动。

当时的英国海军拥有全世界最训练有素的水手,尤其表现在操炮技巧上,英国水手能在短时间内向任何对手倾泻更多的炮弹。英国军舰的舰长甚至自掏腰包支付操炮训练的弹药费用,同时英国人用了很多小技巧来提升射击速度,比如使用燧发机构为火炮点火(而法国和西班牙舰队则还没有普及这项技术)。英国人还开发了一种被称为加朗炮(也被译为"卡朗炮")的短身管火炮,短身管虽然导致了射程缩短,但炮管短使其轻便,装弹迅速;同时后坐力小,射击后推回原位准备下一轮射击的时间也短。至于射程,由于前装滑膛火炮可怜的精度,当时的海战要打中对方基本都是靠近战,远程火力基本没有准头,战舰交火也就在200米距离上。加朗炮使得英军本就高出

图3.13　加朗炮(左)和普通的舷炮(右)

三、火炮的机动与标准化

一筹的操炮技巧更加优势明显，舰队司令纳尔逊上将也有充分的自信，在面对法西联合舰队时，只要顶住对方最初的炮击，就可以采用纵队插入对方编队的战术，打乱其编队，继而发挥自己舰队操炮操舵技术熟练的优势来歼灭对方。

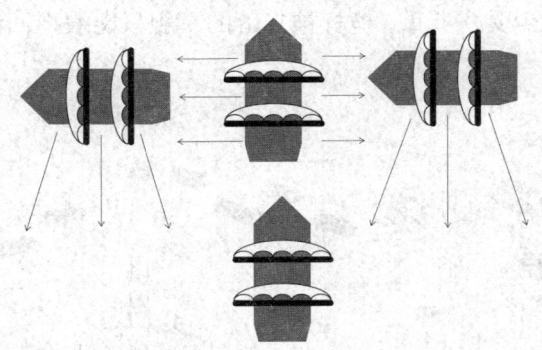

纳尔逊的纵队穿越战术使英舰能充分发挥两侧船舷火炮的威力。借助英军在操炮技巧方面的优势，英舰能以超过法西联合舰队军舰1~2倍的速度发射炮弹。

图3.14　纳尔逊的纵队穿越战术示意图

纳尔逊的计划是将自己的舰队分为三个纵队，计划下风纵队从倒数第十二艘军舰处插入法西舰队编队，自己率领的上风舰队从中部插入对方编队，第三个纵队负责阻止被分割的编队前锋的军舰掉头回来反攻。这样在穿越对方编队时，英国舰队可以两舷火力全开，对两侧的对方军舰实施横扫整个甲板的炮击，而法西舰队则只能施展一侧火炮的威力。尽管如此，英国舰队仍要在初期面对对方的火力勇敢前进，因为在插入对方编队前，英国舰队的舷炮无法实施有效的还击。1805年10月21日，纳尔逊在进攻之前，打出了一条著名的旗语："英格兰需要每一个男人都坚守岗位（England expects that every man will

 枪炮技术的发展与战例

do his duty)"。具体过程不再赘述,最终纳尔逊以不失一艘军舰的战绩,击毁和俘获对方18艘军舰,彻底消除了法国和西班牙海军的威胁。当然,面对法西舰队的火力,纳尔逊的冒险战术也是有代价的,不仅他自己在接舷战中被击中身亡,英国军舰也有不少受伤严重,桅杆被打落的军舰只能被拖回港口,其

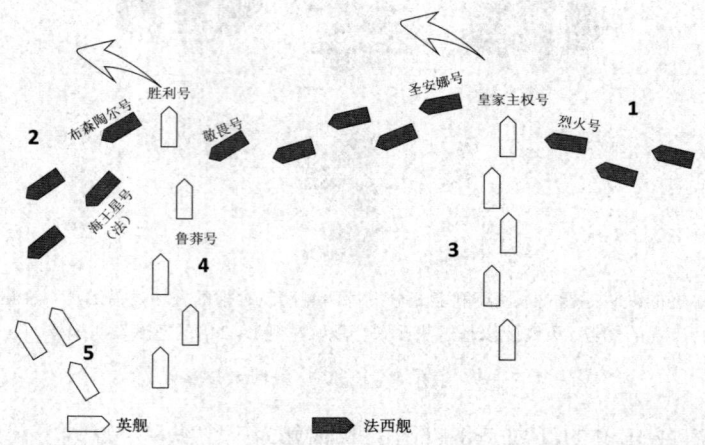

1. 法西联合舰队排为两列航行,可避免相撞,并可以向英军纵队发射更多的炮弹;
2. 最前面的部分顺风的法西联合舰队军舰脱离了战斗,而无法回援;
3. 科林伍德的纵队和法军交战,遭到4艘军舰的进攻,但他保持前进,因纵队暴露面积较小,很快摆脱了攻击。他的"皇家主权"号用舷炮攻击了"圣安娜号"和"烈火号",尽管遭到其它法国军舰的夹击,但由于距离太近,法国军舰也击中了己方的军舰,因此只能迅速转向去攻击其它英国军舰。
4. 纳尔逊比科林伍德晚了40分钟到达,没有能按计划从第12艘军舰前穿过,而是从第17艘军舰前穿越法西联合舰队,之后迅速转向顺风方向(左转),继续打击左侧的法舰。而他的"胜利"号也遭到了法舰的近距离打击,纳尔逊本人被法国军舰上的枪手打成重伤,在战役结束前,了解到己方胜利的结果后阵亡。
5. 战役尾声,部分顺风的法舰试图攻击英军舰队尾部的军舰,被英舰"米诺陶"号和"斯巴达"号阻止。

图3.15 特拉法加海战示意图(局部)

中上风舰队伤亡571人，下风舰队则损失1 120人。当然，比起法西舰队6 000人的伤亡，英国人在这场决定性胜利中的损失显得微不足道。

小八卦：纳尔逊海军上将

纳尔逊出生于诺福克的一个中产家庭，他加入海军是受舅舅莫里斯·萨科林的影响，萨科林是海军的高级军官。纳尔逊加入海军后因其领导力和决断力迅速得到提升。纳尔逊不仅擅长指挥海战，而且本人作战英勇，数次受伤。他在科西嘉一只眼睛失明，在圣克鲁兹几乎失去了一只手臂，最后在特拉法加海战中被枪手击中身亡。在死前，他见到了舰队的伟大胜利，他的死被认为是军人完美的结局——"在胜利来临之时被战场上最后一颗子弹打死"。他的死确立了他作为英国最伟大的民族英雄的地位，和广为流传的他在特拉法加海战中的著名旗语"英格兰需要每一个男人都坚守岗位（England expects that every man will do his duty）"一样，纳尔逊被英国人牢牢记住。

图3.16 纳尔逊海军上将（油画）和伦敦特拉法加广场上的纳尔逊纪念柱

枪炮技术的发展与战例

特拉法加海战表明,除了战术选择,对火炮的操作能力,尤其是射速,对海战至关重要。因为海上瞄准精度很低,舰船又都是活动目标,所以射速的提高能大大加强火力的破坏性。这种对火炮操作能力的依赖甚至一直延续到了二战之后,不过后装线膛炮出现后,火炮的快速射击能力有了本质上的提升,而这也改变了整个军舰的设计形式。

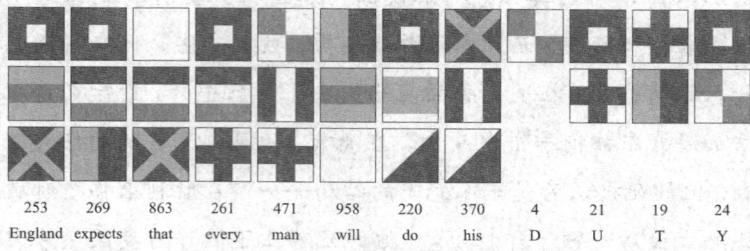

| 253 | 269 | 863 | 261 | 471 | 958 | 220 | 370 | 4 | 21 | 19 | 24 |
| England | expects | that | every | man | will | do | his | D | U | T | Y |

图3.17 旗语"England expects that every man will do his duty"

 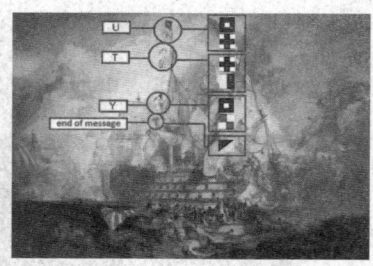

图3.18 特拉法加海战的油画作品真实还原了"胜利"号上的旗语

四、线膛革命

从出现火器到19世纪初期,三四百年来,枪炮的基本构造没有本质的变化,都是一端封闭,另一端开放,从枪口或炮口装填火药和弹丸,再击发射击目标的前装方式。而我们现在看到的枪炮绝大多数都是采用后装的方式,后装的方式有很多优点,比如速度快,动作小,危险性低,配合弹仓能连续射击,火力延续好,等等。但后装枪炮一直没得到很好发展的原因也很简单,就是当时的科技无法形成可靠的闭气,火药气体会从金属结合的缝隙中漏出,轻则损失动能,重则伤害操作手,甚至会导致放在周围的弹药被引燃(可以想象一下在狭窄的下层甲板上火炮齐射时出现火药气体泄漏的场景)。所以,尽管后装枪炮早已出现,但事实上从未成为主流,直到19世纪,工业革命的来临带来了几样新的发明,才彻底改变了枪炮的结构,进而改变了战争的形态。

1. 工业革命带来的改变枪炮结构的新发明

(1)雷汞

19世纪初发明的雷汞是一种化学物质,它被撞击后就会

枪炮技术的发展与战例

爆炸，这使得它能代替明火引燃火药，而撞击比燧石摩擦发火要好控制得多，所以非常可靠。雷汞的使用不仅使得枪炮击发不再受天气的影响，还使得枪炮设计开始出现改变，击发装置可以挪到枪管的轴线上而不需要置于一侧。雷汞引起的另一个巨大变化是出现了可靠的爆炸弹，尽管爆炸弹早已有之，但依靠慢燃火药粉或导火索引燃高速运动的弹丸内的火药是非常不可靠的，不仅经常失灵，爆炸时间也很难控制。雷汞能可靠地借助碰撞来引发火药的爆炸，使爆炸弹真正成了一种重要的弹药形式。

（2）商业化炼钢技术的成熟

1856年贝塞麦炼钢法和1867年马丁炼钢法发明后，钢的质量和产量有了巨大的进步。钢铁不仅便宜，而且性能优异，很快就替代了青铜和生铁，成为制造枪炮的第一选择。

（3）金属加工技术的发展

①铸造技术：人类在19世纪已经能利用煤炭和煤炭加工品轻松地获得将钢铁熔化的高温，铸造技术随之突飞猛进，铸造件的尺寸越来越大，形状越来越复杂，精度也越来越高。

②切削加工技术：19世纪中期，由于蒸汽机的大规模应用及金属冶炼技术的提升，金属切削加工技术开始快速发展，对钢铁和其它有色金属的加工精度远超前代。

③冲压技术：冲压是利用金属的延展性，使用机器产生的巨大压力挤压金属毛坯使其进入冲压模具直接成型的加工方法。这种加工方式比切削加工精度略差，但速度快，成本低。

④金属热处理技术：金属以不同的温度、方式和顺序加热

或冷却,会改变金属的晶相结构,从而赋予金属不同的性能特征。金属热处理尤其是钢铁的热处理技术,是奠定现代社会发展基础的技术之一。

武器的革命随着这些技术的发展悄然到来。据统计,1617~1850年233年间,英国的枪炮相关专利只有300项左右,但1850~1860年10年间,这个数字就达到了600多项。下面我们简单梳理一下枪炮"线膛革命"的脉络。

2. 击发装置的革新

在1807年,一种新的击发装置的专利出现了,发明人亚历山大·约翰·福斯起初对打猎用的燧发枪很不满,因为燧发装置从扣动扳机到子弹出膛由于火药的燃烧传递而有一个时间延迟,而此时燧发装置的声响通常已经惊动了猎物。他利用了当时出现的雷汞的优点,设计了一种以撞击为主要工作方式的击发装置,后来被称为"cap lock"或"percussion lock",可以翻译为"雷管击发枪机"或"击发枪机",安装了这种击发装置的枪称为雷管击发枪或击发枪。

与燧发枪不同,雷管击发枪使用击锤撞击一个单独制作的内置雷汞的火帽(内置雷汞的火帽也译作雷管),通过火帽下面的火门和金属管将火药气体引入枪膛点燃发射药。火药在整个过程中都处于一个封闭的环境,因此不受天气影响;同时雷汞的点火可靠性很高,极少哑火。很快,大量的燧发枪都被改装为雷管击发枪。但是这时,绝大多数的步枪仍然是滑膛枪，滑膛枪炮的主要问题依然存在，它们的射程近，精度低。人们在之前很久就发现在枪管或炮管内壁刻上来复线能使得子弹和炮弹飞行时高速旋转，借助陀螺稳定效应可使其飞行更加稳定。虽然线膛武器的概念早已有之，但限于科技水平一直也没能投入实战。

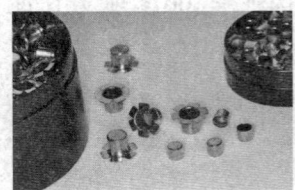

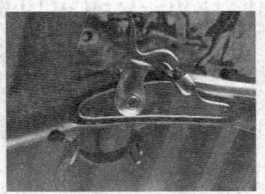

火帽（雷管）（左）套在火门（中）上，再用击锤撞击发火（右），就是击发枪的工作方式。

图4.1　雷管击发枪的击发装置和工作方式

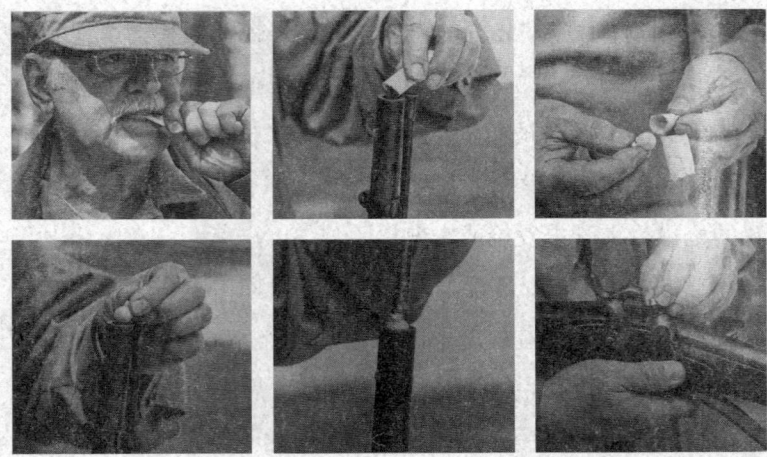

装填的最后一步是将击锤拨到待发位置，将火帽（雷管）套在火门上。

图4.2　雷管击发枪的装填过程图解

3. 米涅式子弹

意大利人很早就尝试过制造刻有来复线的线膛枪炮,挑战在于要获得来复线使弹丸高速旋转而产生的飞行稳定性,保持弹丸和膛线的接触是必要的,但由于加工精度不能达到要求,将弹丸装进枪膛需要用榔头砸,打猎或许还可以,但战场上的军队显然是无法接受这种装填速度和方式的,所以基本没有投入实战。

法国人克劳德·埃特内·米涅在19世纪中期发明了第一种可以方便地用于线膛枪的子弹,它被设计为圆柱+圆锥形,外侧有三道充满油脂的凹槽,底部通常有一个锥形的空心裙边,如图4.3所示。发射药的燃烧会使底部裙边膨胀,子弹边缘贴紧膛线,一方面提高了气密性,同时会使子弹沿着膛线方向高速旋转,飞行更加稳定,精度和射程同时提高。米涅式子弹的圆锥形弹头,除了使飞行阻力小之外,也使子弹对目标的穿透力大大增加。使用米涅式子弹的斯普林菲尔德1861式步枪的有效射程在400码(约366米)以上。

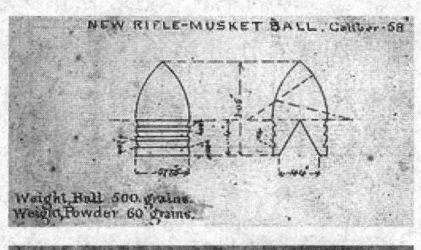

图4.3 米涅式子弹的设计图和实物

图4.4 米涅式子弹和之前的球形弹比较

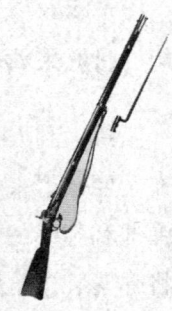

图4.5 斯普林菲尔德1861式步枪

小八卦：米涅式子弹的发明人

米涅式子弹的发明人是法国人克劳德·埃特内·米涅，米涅不仅发明了米涅式子弹，也是米涅式步枪的发明人。米涅曾在非洲服役，之后负责解决步枪闭气性能不好的问题。由于米涅对法国武器装备的贡献，法国政府曾奖励他2万法郎。1858年，米涅以上校军衔从法军中退役，并前往埃及做过一段时间的军事顾问，后来又去了美国，加入大名鼎鼎的"雷明顿武器公司"，他的加入对美国内战中武器的精度提升起到了巨大的作用。

图4.6 米涅

4. 后装步枪

米涅式子弹和线膛枪的使用虽然大大提高了步枪的火力，但其仍然是一种前装武器，士兵必须在每次射击后将步枪竖起来，使用通条等工具完成复杂的装填工作才能再次射击。在射击速度上的提高也很有限，上面提到的斯普林菲尔德1861式前装线膛步枪的射速为2~4发/分钟。要进一步提高射速，还是要依靠后装的步枪。事实上，在美国南北战争开始时，已经出现了后装步枪（后装的英文为"breech loading"）。1860年时，美国市场上至少有三种成型的后装线膛枪，分别是亨利式步枪、夏普式步枪和斯潘塞式步枪，只是南北双方当时对后装步枪的认识都相当不足，部分原因是后装步枪的价格要贵得多，也有人担心士兵使用后装步枪后会浪费弹药。但随着战争的进行，越来越多的士兵自己购买了后装步枪，同时很多前装步枪也被改装为后装形式，战争后期双方的骑兵更是大范围配备了枪管改短的后装式卡宾枪。

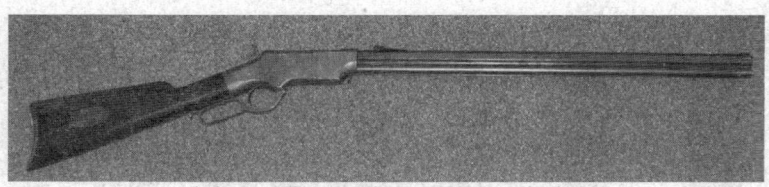

图4.7　亨利式步枪

夏普式步枪是美国南北战争中装备数量最多的后装线膛枪。

图4.8　夏普式步枪（左）和卡宾枪（右）

 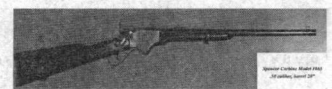

图4.9　斯潘塞式步枪（左）和卡宾枪（右）

5. 击针枪和纸壳弹

在欧洲，普鲁士军队最早装备后装击针枪并用于实战。后装击针枪使用了纸壳弹，用纸将发射药和弹头结合为一体，而作为击发药的雷汞则装在弹头的尾部。纸壳弹从枪管尾部装入，用扳机带动一个击针，击针穿过纸质弹壳撞击弹头尾部的雷汞，纸壳中的发射药被引燃。纸壳在发射药被引燃后会膨胀咬合膛线，提高闭气的效果，使射程有所提高。击针枪因为从后部装填子弹，首先是射速提高到10～20发/分钟，同时带来了一个更大的好处——射手不必站起来装填子弹，这点可让与普鲁士军队对垒的丹麦和奥地利士兵吃够了苦头：在战场上站立着面对来自隐蔽敌人源源不断的火力是令人绝望的。

图4.10 击针枪的弹药——纸壳弹

当然，击针枪也有些问题，一是纸壳弹内的黑火药和纸壳燃烧的残渣会很快堵塞枪管和膛线，需要及时清理；二是因为击针穿过纸壳击发，要承受子弹发射药爆炸的冲击而容易损坏，需要士兵在战场随时更换。但相比前装滑膛枪，击针枪在战场上的优势几乎是碾压性的，这也是普丹战争和普奥战争以普鲁士毫无悬念的胜利而结束的重要原因。

四、线膛革命

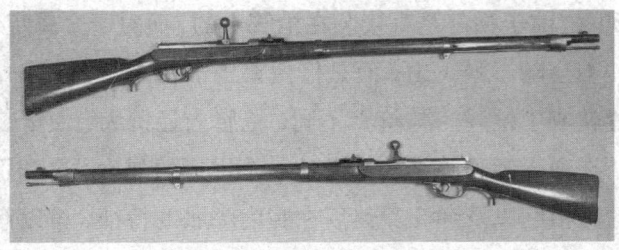

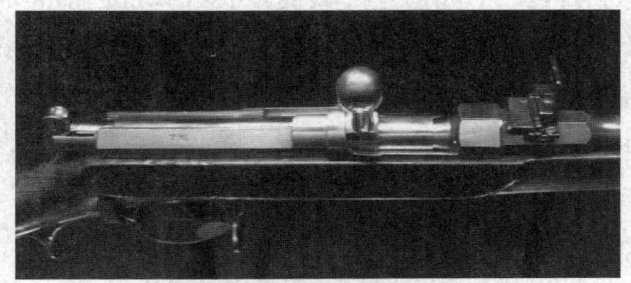

图 4.11 普鲁士军队使用的击针枪及其局部

6. 金属定装弹

击针枪的问题很快就被新型的弹药解决了：金属定装弹的出现几乎一次性解决了之前步枪在射速、射程、精度，甚至枪械设计上的一系列问题。金属定装弹就是我们现在使用的子弹了。"定装"是相对"分装"而言，前装滑膛枪（炮）时代，弹丸和发射药都是分开装填的，而"定装弹"的出现使装填速度和方便程度都有了革命性的提高，前面提到的纸壳弹就是最早的定装弹之一。制造金属定装弹时借助冲压技术，将发射药装在金属弹壳中再和弹头结合，在子弹尾部设计了由较软的金属（如黄铜）封装的雷汞底火。金属定装弹的出现还导致了枪膛的出现：之前子弹都是直接装在枪管中的，而对于金属定装弹，弹壳并不会随子弹飞出，而是停留在了击发的位置，弹壳所在的位置就成了枪膛。与枪管不同，枪膛内径稍大，便于装填和抽壳。在弹壳和弹头结合部设计一个锥形的弹肩，再利用金属加工的高精度以及弹壳受热后在膛内膨胀的特征，可以有效保证闭气的性能，将所有能量都转换为弹头的动能。金属定装弹不仅解决了闭气的问题，而且具有尺寸精确、适合大规模制造、便于储存、不受雨水等天气因素影响等优点，为之后弹仓以及自动武器的出现铺平了道路。

图4.12　纸壳弹和金属定装弹对比

7. 枪机的重新定义和设计

随着金属定装弹的出现，弹壳能够在枪膛中完成闭气的功能，枪膛只需要完成容纳和击发的功能，而将前一发子弹的弹壳抽出并将下一发子弹推进枪膛就成了一个重要动作。枪机是因金属定装弹的出现而被重新定义和设计的部件，它需要完成装填上膛、闭锁、击发、开锁、抽壳以及再次装填的整个流程，而且多数枪机都被设计成与枪管分离的状态，依靠拉机柄的运动来完成整个流程。一般拉机柄后拉，打开枪膛，同时后拉过程也能将打完的前一发子弹的弹壳从枪膛中抽出来抛掉，并将撞针推回到待发的位置；枪膛打开后，可以手工装入子弹，或者弹仓中的子弹通过弹簧的张力被顶到枪机中位置，这个过程为开锁；之后拉机柄前推，将子弹推进枪膛中的击发位置，枪机与枪管结合，则完成了闭锁，枪支处于待发状态。通过一个简单的拉－推过程，整个射击流程就完成了，这样的枪射击速度比之前的后装步枪又有了巨大的提高。

最初的拉机柄运动需要在开始和结束时旋转一定的角度，以完成开闭锁、抽壳、上膛整个过程，这种枪机被称为旋转式枪机（如早期的毛瑟步枪的枪机）。为了进一步提高射速，通过优化机械设计，旋转的动作也不再需要，只需要拉动拉机柄再复位即可，这就是直拉式枪机，也就是现代步枪所普遍采用

图4.13 旋转式枪机（左）和直拉式枪机（右）

的枪机形式。更为重要的是，直拉式枪机简单的前后动作可以通过后坐力在发射时自动完成，配合弹仓，步枪就可以在无须手动拉枪机的情况下实现连续射击，这就是大家熟悉的半自动步枪。不过，采用旋转式枪机的步枪在射击时枪身上几乎没有运动部件，对射击的干扰低，所以现在很多高精度狙击步枪仍在使用手动旋转式枪机。

历经300多年不变的前装滑膛枪，在19世纪中后期短短的几十年的时间里，就革命性地完成了巨大的转变，现代轻武器的基础就此奠定。

8. 后装线膛炮

在19世纪中叶，除了后装线膛枪，后装线膛炮也在差不多的时间出现，是受到了后装线膛枪的启发，后装线膛炮和相关弹药的开发完全改变了炮兵的作战模式。后装线膛炮需要打开炮管的尾端，从后部装入炮弹后击发，就需要有个装置能在装填前打开炮尾，装填后还要封闭炮尾闭气，这个装置就是炮闩。炮闩本质上并不复杂，之所以没有很早发明出来是因为机械加工技术的限制。在加工精度和金属强度有了保证之后，炮闩就理所当然地登场了。这里要提到火炮发展史上的一个里程碑式的产品——"阿姆斯特朗"后膛炮，这可能是第一种投入实战并量产的后膛炮，它采用了楔式炮闩，射速和精度成倍提高，尽管早期的产品在可靠性上稍有瑕疵，但其对前膛炮的性能优势是压倒性的。

四、线膛革命

图4.14 一门1868年的"阿姆斯特朗"后膛炮

最初的炮闩是楔式炮闩,简单地说,就像块门板一样,开锁时拔出来,闭锁时插回去,垂直方向插拔的叫立楔式,水平方向插拔的叫横楔式。楔式炮闩的好处是结构简单,操作速度快,但对材料要求高,面对越来越高的膛压,楔式炮闩要保证多次射击后没有变形颇不容易。另一种炮闩是螺式炮闩,依靠炮闩上的外螺纹和炮尾的内螺纹咬合来封闭炮尾,这种炮闩能承受更高的膛压,适合在大口径火炮上使用。螺式炮闩的种类很多,按螺纹的种类来分,主要有连续式螺纹、隔断式螺纹和阶梯式螺纹三类,其中最常见的是隔断式螺纹,它的好处是开闭锁快,只需旋转很小的角度就能完成闭锁,可靠性高,不易卡死。当然,实现这一切的前提是能够精确地加工这些螺纹,使其能紧密而顺利地契合。

图4.15 立楔式炮闩(左)、隔断式螺纹炮闩(中)和阶梯式螺纹炮闩(右)

枪炮技术的发展与战例

后膛炮的出现,不仅使得射速提高,而且炮管内也能刻上膛线,并使用圆柱+圆锥组合形状的炮弹替代球形炮弹(参见本书后面第七部分的相关内容),使得火炮的射击精度和射程都产生了飞跃。另一方面,因为后装填时可以保持炮口瞄准角度,不需要留出空间到炮口装填,因此,要塞炮和舰炮等在封闭空间内布置的火炮所需的空间也大大减少。所以,在很短的时间里,除了迫击炮,几乎所有的火炮都转为后膛炮。尤其是舰炮,由于大口径后膛炮的威力、射程、精度都大大高于以前的前膛炮,加上蒸汽机的运用,新式铁甲舰一改风帆战舰将火炮列于两侧的设计,将主炮都置于舰船轴线上,配合使用旋转炮塔控制射击方向,在火炮数量减少的同时加大了主炮的口径,形成了我们熟悉的现代炮舰的基本布置方式。正是因为有了后装炮,这种设计才成了可能,因为将数百千克的炮弹从十几米长的炮管前方装入炮膛是不可能的,更何况是在颠簸的军舰上。而装备了大口径后装火炮的军舰,其威力也远非风帆战舰可比,舰炮射程能达到10千米以上,凭借更高的射速和弹道计算,可以精确打击视距以内的移动目标,而无须再像18世纪时那样进行短距离的接舷战。

战例 葛底斯堡战役

1863年,罗伯特·李统帅的北弗吉尼亚军团准备对北方实施一次入侵,以打击北方的波托马克军团,并试图威胁华盛顿以期配合南方邦联政府的和谈企图。在6月经历了一系列小型战斗后，双方军队主力都集结在了葛底斯堡镇附近。有意思的是，南北两军都对对方的部署不甚清楚。6月30日，南军的先头部队A.P.希尔的第3军一部准备前往葛底斯堡购买（用南方货币）部队行军用的鞋子，遭遇了北军的巴富德第11骑兵师，拉开了葛底斯堡战役的序幕。A.P.希尔认为对方只是小股民兵，但为了保险起见，决定向葛底斯堡方向进行试探性前进。而6月30日赶到葛底斯堡的巴富德则认为对方主力就在附近，当机立断，迅速利用葛底斯堡西北方向一系列山脉的地形固守待援，同时北军波托马克军团各部开始紧急向葛底斯堡集结。

图4.16 葛底斯堡之战双方的统帅——米德（左）和罗伯特·李（右）

1863年7月1日早晨，A.P.希尔麾下的赫斯师与巴富德的第11骑兵师开始接触。尽管巴富德兵力少，但凭借地形优势和前一晚修筑的工事抵挡住了进攻，等到了北军第1军雷诺兹将军的援兵。随后双方开始拉锯战，北军击溃了南军的阿迦旅并俘虏了旅长阿迦，但随后雷诺兹军长被狙击手击中身亡。下午2时，南军尤厄尔第2军从北部进攻，而北军的第11军也赶到,阻击尤厄尔的进攻。这一天中最值得注意的事是在南军右翼的麦克弗森农场森林中,南军最年轻的上校团长亨利·卜根率领的卡罗莱纳步兵团向北军精锐"铁旅"的第24密歇根步兵团发动进攻。在北军的交叉火力下,卡罗莱纳步兵团前后有13名旗手被击倒。战至傍晚,卜根亲自举旗冲锋在前,将对手逼退了400多米,但付出了800人中伤亡600人的代价,卜根本人也重伤身亡,年仅21岁。第一天南军借助优势兵力(2.5万人对1.8万人),在右翼击退了北军,而尤厄尔的第2军也从北面横扫了北军的防线,小胜一局。

图4.17　卜根在葛底斯堡战役中指挥冲锋

北军第一天参战部队和后续部队此时已经在葛底斯堡南部的公墓岭高地展开,准备与南军决战。负责南军右翼的第1军军长朗斯特里特建议罗伯特·李主动退出战斗,因为对方已经占据了有利地形,而李将军则不愿放弃得到的战果,依然希望能重创波托马克军团并威胁华盛顿。第二天的战斗在公墓岭高地展开,和第一天一样,李将军命令朗斯特里特的第1军主攻北军左翼,而第2军则配合从北部攻击右翼。朗斯特里特的正面是北军的赛柯第3军，赛柯由于希望得到更好的地形，自作主张将战线前移，与南军直接撞在一起，激战就在这里开始。赛柯的行动导致波托马克军团的新任司令官米德将军不得不向左翼调遣更多的援兵，而左翼顶端的小圆顶山则成了争夺焦点。

小圆顶山不仅处在战线的最南端，还是附近区域的制高点，南军一旦占领，就可能撕开整个防线。北军的文森特旅率先赶到，并将5个团依次布置。南军晚了数分钟到达，随即开始对北军实施进攻，重点集中在小圆顶山北军最左侧的第20缅因步兵团。该团在团长张伯伦的率领下，面对三个团南军的无休止攻击，死战不退。坚守4小时后，弹药基本耗尽，张伯伦认为剩余弹药无法抵御南军的下一波进攻，于是做了一个极其大胆的决定：组织还能活动的士兵，依赖地形优势和树木的掩护，实施一次刺刀冲锋。这次冲锋出乎南军的意料，几乎所有士兵都没来得及上刺刀就被打下了山坡，甚至还有近百人向枪膛空空如也的北军投降。

南军右翼一整天都没有进展，而左翼尽管稍有进展，北军战线被突破，但尤厄尔的攻势也很快被北军汉考克第2军的增援抵挡住了，罗伯特·李的目标一个也没有达成。

1863年7月3日，罗伯特·李决定孤注一掷，发动一次大规模进攻，因为南方邦联政府已经准备了和谈信，准备在他胜利后递交林肯。李觉得这场战役关系南方邦联的命运，希望这一天的战斗能结束已经进行了三年的血腥战争，所以他将手中的所有力量都集中起来，决定对北军的战线中路发动决定性的

进攻。罗伯特·李这样做是因为预计左右两翼经过一天的激战，米德会将部队更多集中在两翼，以防御他本来计划在7月3日继续进行的进攻，这样中路反而会成为最薄弱的环节。但那天米德偏偏将两翼的部队撤到中路休整，无意间加强了中路的防守力量。

中路之所以在第一天没有成为南军的进攻路线，是因为士兵必须步行穿越一块宽3/4英里（超过1千米）的开阔地，而当时火炮和步枪的威力已经不是拿破仑时代可比拟的，这样的进攻与自杀无异。罗伯特·李认为炮兵的覆盖射击能消解对方的防御能力，首先组织了140门火炮实施轰击，事实上效果不太理想，很多炮弹都落到了北军的后方，而且南军的炮弹不足，被迫于下午3时提前停止炮击。朗斯特里特不得不动用刚刚抵达战场、战斗力保存最好的皮克特师发起进攻，这次进攻后来被称为"皮克特冲锋"（Pickett Charge）。南军尽管英勇，但在这1千米的路上，北军先动用所有的火炮杀伤对方，远距离时使用线膛炮发射榴霰弹，南军接近后使用滑膛炮发射霰弹，最后300码（约270米）使用步兵的排枪射击，结果只有少量南军士兵突破了北军的防线，也很快被增援部队遏制。"皮克特冲锋"只持续了一个小时，但却是整个近代战争史上最血腥的一小时，双方共伤亡1万多人，皮克特师基本全军覆没，除了幸存的皮克特本人和参谋部人员，军官中有3名准将、18名上校、31名中校、46名少校阵亡，"皮克特冲锋"也成了罗伯特·李杰出军事生涯中的最大污点。随后无力再战的北弗吉尼亚军团撤回南方，而实际上还有余力的波托马克军团也没敢乘胜追击。同一天，北军的格兰特将军攻破了维克斯堡，控制了密西西比河，战争的天平向北方不可逆转地倾斜了。

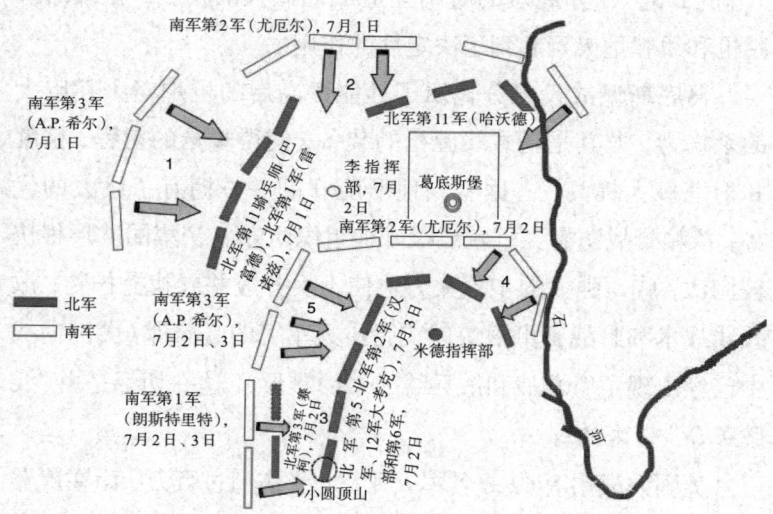

1. 7月1日，A.P.希尔的第3军进攻北军第11骑兵师前一夜占据的高地，巴富德坚守到雷诺兹的第1军赶到增援；
2. 7月1日下午，南军第2尤厄尔的部队从北部进入战场，进攻赶到葛底斯堡的北军哈沃德的第11军，突破防线并横扫北军战线，北军撤出葛底斯堡并在镇南部的公墓岭高地与后续赶到的波托马克军团各部集结；
3. 7月2日，南军朗斯特里特的第1军开始进攻突前防守的北军第3军赛柯的部队，突破防线后扑向北军防线的最南端小圆顶山，米德调动大量援军在左翼阻击朗斯特里特，南军的进攻没有奏效；
4. 7月2日，原本配合进攻的南军尤厄尔第2军突破了北军防线，但汉考克的第2军及时增援，抵挡住了南军；
5. 7月3日，罗伯特·李组织了一次决定性进攻，以皮克特师为主力，配合 A.P. 希尔部两个师对北军战线中央发起进攻，而米德恰巧将两翼部队调到中间休整，增强了防御力量，顶住了进攻并几乎使皮克特师全军覆没。

图4.18 葛底斯堡战役示意图

枪炮技术的发展与战例

3天的葛底斯堡战役，北方伤亡2.3万人，南方伤亡2.8万人，总计5.1万人，占双方总兵力（南方7.5万人+北方8.8万人）的1/3。在如此短的时间里造成如此大的伤亡，新式的线膛枪和线膛炮无疑起到了决定性的作用。

葛底斯堡战役充分显示了性能提高后的枪炮对士兵巨大的杀伤力，尤其是新式线膛枪的装备，使得步枪的射程、精度和射速极大提高，占据有利地形防守的一方拥有了巨大的优势，依赖野战防御工事就能很好地组织防守。密集的队形很快被淘汰，威力强大的步枪火力迫使士兵分散并寻找掩护物，散兵线战术和野战工事很快就成为步兵军官的必修课（美国内战中已经出现了堑壕战和散兵线战术的雏形），这一切都是由"线膛革命"带来的。

美国内战中有62万名军人死亡，受伤超过百万，而在武器杀伤力更大的一战和二战中，甚至加上之后的朝鲜战争和越南战争，美军累计的伤亡人数也不过勉强和内战持平。这一方面是因为武器的革新导致杀伤力大增，另一方面也是因为战术变革未能完全跟上武器革新的脚步，所以很多人认为，美国内战是一场使用新式武器和旧式战术的战争。

五、自动武器

1. 自动武器经典实例

(1) 机枪

线膛革命显然只是军事革命的开端,军事革命的脚步一旦结合了工业革命的成果,就一刻也不会停息。高精度的大规模金属加工技术的普及和机械设计上的迅速进步,在19世纪末期催生了一个我们在影视剧中常见的"熟人"——被称为"死神收割机"的马克沁重机枪。马克沁重机枪是人类历史上第一种投入实战的全自动枪械,在它之前,枪械每发射一颗子弹都需要射手至少扣动一次扳机,而马克沁重机枪只需要将第一发子弹推上膛后,扣住扳机不放,机枪就能以每分钟400~600发

图5.1 马克沁重机枪

枪炮技术的发展与战例

图5.2　马克沁重机枪的发明者马克沁

的速度连续发射，直到子弹用尽。

马克沁重机枪和之后的几乎所有自动武器的基本原理都是利用子弹发射时产生的后坐力将枪机后推，完成开锁、抽壳的过程；枪机后退过程中，压缩了复进弹簧，复进弹簧再产生推力将枪机推回原来的位置，并完成将下一发子弹推上膛、闭锁和撞针击发的整个过程。

马克沁重机枪面世之初也和众多革命性的军事发明一样，其价值并没有马上被人们意识到，很多人认为这样的武器对子弹的消耗过大，同时精度不够。但德国人对此似乎有着不一样的看法，在1914年之前，德国军队中就装备了超过1.25万挺重机枪，这使得德军在一战初期给英军造成重大伤亡。

在埃纳河战役中，借助堑壕和炮火以及有利地形，配置了大量机枪的德军在1914年9月13日给追击而至的英法军队造成了巨大的杀伤。这场战役促使英法陆军迅速装备了大量的机枪，从平均每个步兵师24挺增加到400挺甚至更多（英军400挺，法军684挺），美军则从每个师18挺的水平增加到

五、自动武器

1 000挺。马克沁重机枪由于重达27.2千克,而且使用水冷系统,移动不便,比较适合用于堑壕作战,而不适合进攻使用。1902年,丹麦人研制出气冷式枪管,由此发展出重量轻、便于携带的轻机枪,使机枪成为能直接配属到步兵班的自动武器。整个一战期间,欧美各个参战国共制造了107.61万挺机枪,其中85.05万挺为重机枪。在一战中,各个堑壕中配置的重机枪给进攻者造成极大的杀伤,使步兵进攻很难突破防御阵地。

图5.3 一战中的重机枪

(2)冲锋枪

一战中自动武器制造的大量伤亡证明了自动武器的价值,武器自动化的进程在二战中又达到了一个高潮。一战中主要的自动武器是重机枪和轻机枪,重机枪重量过大,只能用于防守,而不能随步兵进攻;轻机枪尽管重量稍轻,但也不方便单兵携行。其实,最早装备部队的单兵自动武器在第一次世界大战中就出现了,当时德国开发成功了MP-18冲锋枪,但没有大量装备部队。在第二次世界大战前和战争过程中,以发射9毫米手枪弹为主的冲锋枪得以大量生产,主要有德国的MP-

40、苏联的波波莎、英国的司登和美国的汤姆逊冲锋枪。最先装备德国伞兵和装甲兵部队的 MP–40 冲锋枪大量采用了冲压加工的机件，甚至还使用了塑料握把，可以说是一种划时代的武器，在作战中非常受部队的欢迎，但在斯大林格勒的巷战中，其500发/分的射速和32发的弹夹容量使其明显不敌900发/分射速和75发大弹鼓的波波莎冲锋枪，很多德军士兵经常捡拾苏军士兵的冲锋枪射击。由于使用波波莎冲锋枪的德军士兵数量众多，德国甚至制造了波波莎冲锋枪的一个改进型，使之可以发射 MP–40 的9毫米手枪弹。冲锋枪是最早的单兵自动武器，拉开了单兵武器自动化的序幕，这个趋势一直持续到现在。

图5.4　世界上第一种冲锋枪 MP–18

这种武器经常出现在电影中，其使用的是9毫米的手枪弹（巴拉贝鲁姆子弹），威力并不大。

图5.5　MP–40冲锋枪和弹匣

波波莎冲锋枪结构简单可靠,火力凶猛。

图5.6 波波莎冲锋枪

(3)突击步枪

使用手枪弹的冲锋枪射程和威力都较弱,只能用于近距离交火,而轻机枪则重量较大,不便在运动作战中携行和使用。在1942年的二战东线战场上,德军装备了又一款划时代的单兵自动武器——STG-44突击步枪。这是第一种可以发射步枪子弹,能够实施单发或全自动连发的可单兵携带的自动武器。虽然德军最终未能依靠它获取东线战场的主动权,但这种武器在战后几经发展,最终成了现代陆军步兵的标准装备。

图5.7 STG-44突击步枪

即使到了战后,自动武器的改进也没有停止,苏联人捷足先登,坦克军官卡拉什尼科夫完成了大名鼎鼎的AK-47突击步枪的设计。AK-47的多数技术虽然并非首创,而且单项指标上并不出众,但卡拉什尼科夫参加过实战,深刻了解士兵的需求。AK-47的设计非常可靠，在各种恶劣条件下都可以使用（据说有的AK-47扔在河里，几周后拿出来不用擦拭就能进行射击）。其有效射程为400米，尽管精度不高，但这个距离上鲜有射手能精确打击目标，而是需要依靠连续的火力来压制对方或打击集团目标。这方面AK-47正好满足了要求，所以，尽管苏联军队在之后使用更新的AK-74替代了AK-47，但全世界依然还有大量的武装力量在使用AK-47。

AK-47尽管是一个传奇，但也不能忽略其缺点。一是AK-47的部件间的空隙较大，虽然赋予了其可靠性高的特点，但是也影响了精度；二是其拉机柄后退时会撞击枪机后盖，虽然保证了抽壳力储备充足，但也会影响精度；三是其枪管的缠距也有些问题，子弹在一定距离外稳定性不足。总体说来，AK-47的主要问题就是精度稍欠佳，这是对使用方便、性能可靠与射击精度进行优化后妥协的结果。当然，世界上没有完美的步枪，AK-47的综合优势无可置疑。

AK-47突击步枪可以被称为改变人类历史的重要发明，

图5.8　AK-47突击步枪

五、自动武器

上亿支 AK-47 和其仿制品散布在全世界各个角落,从武装部队到恐怖分子,都在拥有了 AK-47 后具备了可怕的杀伤力。而美国虽然也不失时机地开发了 M-14 自动步枪,使用了和 AK-47 接近的弹药,但其更多强调了精度而导致可靠性不足,在水土不服的越南丛林中极不适应。同一时间,美国枪械大师斯通纳也用 M-16 开创了一个属于他的小口径步枪时代。

柯尔特轻武器公司改进生产的 M-16 自动步枪是美国在越南战争时期投入服役的另一种革命性的单兵武器。M-16 的最大特点就是"轻",它除了使用 5.56 毫米的小口径子弹之外,还使用了大量塑料部件,大大减轻了枪身的重量。除此之外,M-16 外形上的特点是其小巧的枪机、上面的提把和高高的三

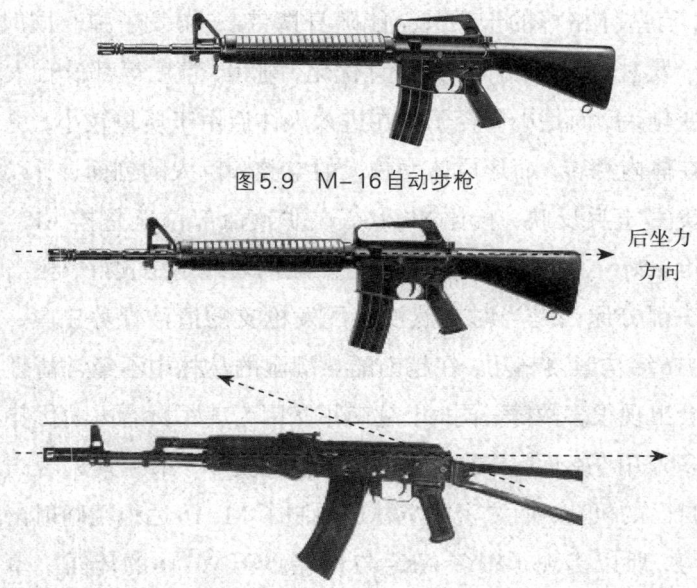

图 5.9　M-16 自动步枪

图 5.10　M-16 自动步枪与其它经典步枪的后坐力方向对比

角形准星座，这源于M-16设计上的另一个首创：斯通纳巧妙地将复进弹簧装在枪托中，这样枪机可以更短小，但枪托上沿必须设计在枪管的轴线上，这样就影响了瞄准，射手无法将眼睛放在枪管上方瞄准，因此不得不将瞄准线上移，将标尺置于提把上，再将准星位置也上移，使用了独特的三角形准星座。M-16的设计使得后坐力沿枪管方向传递，减少了枪口上跳的情况；而AK-47和很多经典步枪的枪托设计，使枪托后坐力的反作用力向上，导致枪口上跳的趋势明显。

　　M-16的出现引领了整个武器小口径化的潮流，其使用的5.56毫米步枪弹后来也成了北约的标准弹药。小口径武器拥有很多的优势，首先是士兵的弹药携带能力成倍提高，越战时，有些体格好的士兵甚至能随身携带1 500发子弹。同时，由于发射药和枪械本身的设计优化，射程、精度等都没有太大的变化，反而是小口径子弹在进入人体后由于质量较小，更容易在体内翻转，而形成体积较大的空腔和巨大的创面，所以很多美军士兵反映，相比M-16，在非致命部位还是挨AK-47一枪更好一些。M-16最初在越南战场表现不是很好，相当大的一部分原因是当时竟然没有配发枪支的清洁保养工具，而M-16结构紧凑精巧，在越南酷热潮湿的丛林中不经常清理肯定会出现很多故障；同时，越南军队因为美军具有火力优势而更多采用"凑近打"的战术，死死咬住美军，不给其远距离杀伤自己的机会，而浓密的丛林也限制了M-16远程精确射击的优势，所以出现了很多AK-47性能碾压M-16的传闻。事实上，M-16是一种比AK-47更先进的单兵武器，这点从其民用版本AR-15在北美热销就能看出来，自由市场竞争的结果是不会骗人的；同时M-16系列（包括M-4短管卡宾枪）多年来一直装备美军，参加了多场战争，而苏联军队的AK-47已经被小口径的AK-74替代了。相比AK-47凭借可靠性和方便性大杀四方，M-16则以高的精度和科技含量引领了轻武器发展的潮流。

美军现役的主力单兵武器M-4自动步枪是以M-16为基础的短管改进型号。

图5.11　M-4自动步枪

2. 自动武器的自动原理

自动武器的自动原理一直是很多爱好者似懂非懂的部分，我们这里使用简化的图示来试着将自动原理说得明白一些。

(1) 管退式自动原理

马克沁重机枪就是采用管退式的原理。这种设计的枪管和枪机一起运动，能抵消相当部分的后坐力，适合发射大口径的弹药，所以很多机关炮都是管退式的（可以回忆一下电影中机炮炮管伸缩发射的场景）。但也由于运动部件的质量太大，所以射速受到限制（质量大，惯性大，后撤和复位速度慢），而且枪管移动对精度的影响也大，所以现在的自动枪械一般都不用这种设计了。

管退式还分为枪管长行程和短行程两种方式,因篇幅所限,这里就不展开描述了。长行程方式就是枪管会随枪机一直运动到枪机停止的位置才开始复进,此时枪机会延迟一下,让枪管先复位,再跟进回位;而短行程方式枪管只后退一小段就开始往回运动,枪机则继续向后运动,短行程方式能稍微弥补一下射速过低的问题。

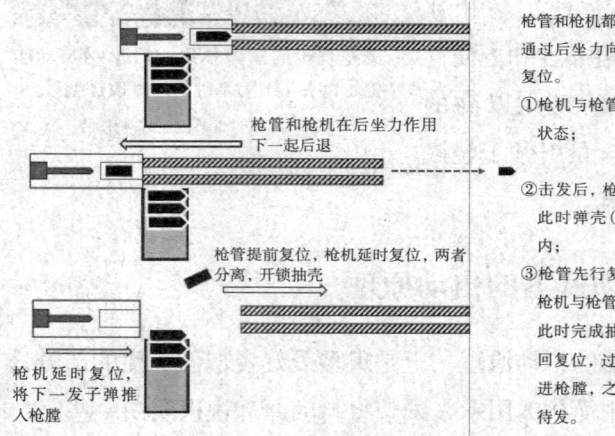

图5.12 管退式自动原理

(2)自由枪机式自动原理

MP-40冲锋枪就是采用自由枪机式的设计。自由枪机式与管退式一样都依靠直接的后坐力完成后撤复位,只是后撤机构仅仅有枪机,质量小,所以不适合发射威力较大的弹药,否则巨大的后坐力带动枪机高速运动会破坏枪身结构或加速部件磨损,所以自由枪机式多用于冲锋枪这类发射小威力子弹的武器。

五、自动武器

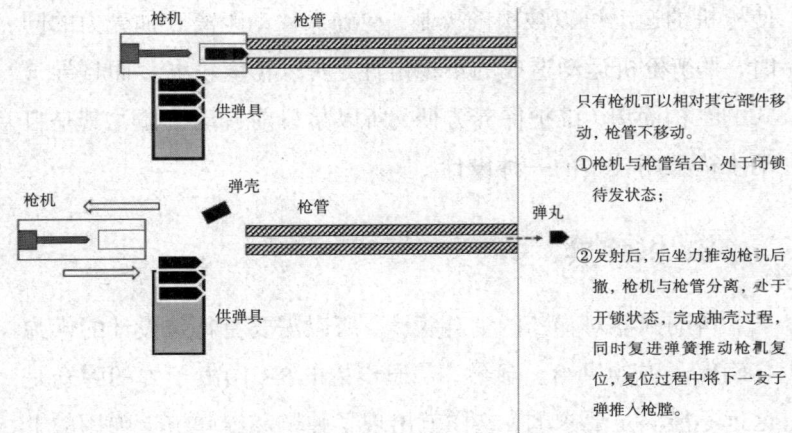

只有枪机可以相对其它部件移动,枪管不移动。
①枪机与枪管结合,处于闭锁待发状态;
②发射后,后坐力推动枪机后撤,枪机与枪管分离,处于开锁状态,完成抽壳过程,同时复进弹簧推动枪机复位,复位过程中将下一发子弹推入枪膛。

图5.13 自由枪机式自动原理

(3)导气式自动原理

导气式设计是将部分火药气体从枪管中引出,推动导气管中的活塞运动来完成自动射击。设计师能够自由调节导气量,

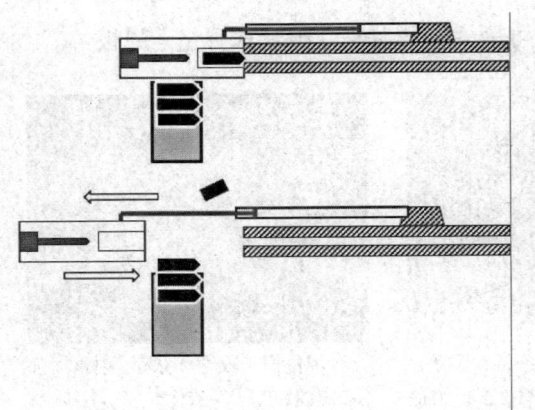

枪机设计为可以相对其它部件移动,但移动不再依靠后坐力,而是靠导气管将枪管中的火药气体导出一部分,推动活塞向后运动,活塞和枪机靠连杆连接,完成后撤动作。
①枪机与枪管结合,处于闭锁待发状态,导气管中活塞处于正常位置;
②击发后,火药气体被导入导气管,推动活塞向后运动,活塞带动枪机运动,与枪管分离,进入开锁状态,完成抽壳,之后复进弹簧将枪机复位,过程中将下一发子弹推入枪膛,与枪管结合,完成闭锁,进入待发状态。

图5.14 导气式自动原理

使枪机的运动可以被精确控制，在确保移动距离和抽壳力的同时，平衡枪机运动造成的不稳定性，所以精度较高。而且导气式的结构简单，维护保养方便，所以是目前自动枪械尤其是自动步枪采用较多的一种设计。

3. 供弹具

自动武器对弹药的消耗很大，所以需要有特殊设计的供弹具确保子弹的供给。显然，普通步枪的5～10发子弹的弹仓是远远不能满足要求的，这样就出现了弹链和给弹链上弹用的上弹机以及弹匣、弹鼓、弹盒等供弹具。

（1）弹链

弹链有帆布弹链和金属弹链两种。弹链供弹连续性好，可以提供大量子弹，保持连续的火力，但是不方便单兵携行，因此经常用于固定的重武器或者车载自动武器等。金属弹链又有闭节式金属弹链、可散式金属弹链、组合式弹链、弹板等。

马克沁重机枪就是用这种弹链，尽管方便，但帆布容易磨损和发霉，不是很适合长时间存储。

图5.15　帆布弹链

这种弹链便于收纳和储存，射击后弹链不会散开。

图5.16　闭节式金属弹链

五、自动武器

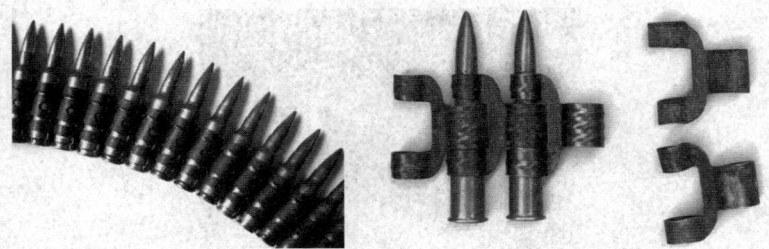

这种弹链射击完后弹链节点都会散开,便于抛壳,非常适合用于二战时飞机上速射武器的供弹(需要将弹壳和弹链抛出机外以减轻重量),美军的供弹具更多采用这种弹链。

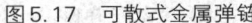

图5.17 可散式金属弹链

这种弹链是用可散式弹链的节点将两段闭节式弹链连接起来,可以提高火力的连续性。

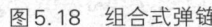

图5.18 组合式弹链

图5.19 给弹链上弹用的上弹机

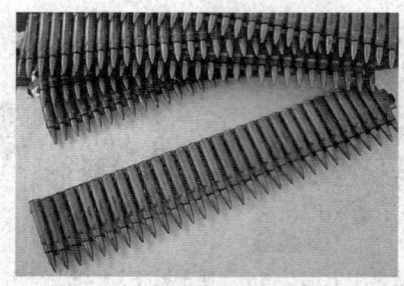

弹板理论上说就是刚性的弹链,二战中日本的92式重机枪就是用弹板供弹,弹板供弹稳定性较好,但显然火力持续性较差。

图5.20 弹板

(2)弹匣

弹匣便于携行和在行进中射击,装卸方便,而且也能保持一定的火力持续性,是重要的供弹具。弹匣通常有直弹匣和曲弹匣。直弹匣的好处是加工方便,成本低;曲弹匣则更适合子弹的几何形状,装弹量更大一些。

图5.21 M-1卡宾枪使用的矩形弹匣

图5.22 M-16步枪的梯形弹匣

图5.23 M-4步枪和MP-5冲锋枪的弧形弹匣

五、自动武器

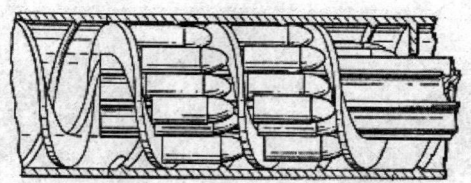

螺旋弹匣比较独特,子弹在筒形的弹匣中螺旋排列,优点是容量大,而且储存时弹簧可以松开,没有应力,只是弹匣和枪机的结合结构需要特殊设计。

图5.24 螺旋弹匣

(3)弹鼓(弹盘)

弹鼓(弹盘)有着比弹匣更大的装弹量,比弹链更容易携带,但重量和体积均较大,可能影响枪支的重心和射手的持握方式。现在还有新式的双弹鼓设计,能保持很好的火力持续性。弹鼓的可靠性稍差,二战和朝鲜战争中很多老兵会故意不将弹鼓装满,以避免其在使用中卡壳。

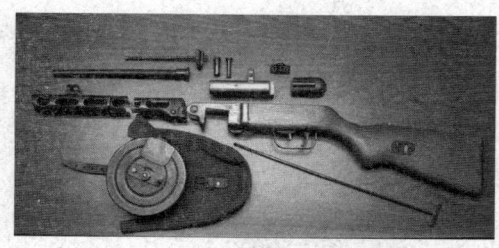

图5.25 苏联波波莎冲锋枪及其弹鼓

(4)弹盒

弹盒的装弹量比弹鼓更大,有些需要配合弹链使用,可以提升弹链的携行能力,有些弹盒则借助子弹的重力为枪支供弹。

图 5.26　HK73 轻机枪的弹盒

(5) 其它弹仓

普通步枪使用的弹夹,通常只能放 5~10 发子弹;泵动式步枪使用管式弹仓,子弹装填在枪管下的管形弹仓中(现在很多霰弹枪还在使用这种供弹方式);约翰逊 M1941 式半自动步枪则采用涡式弹仓。

武器的自动原理看似简单,但要保证其发射上万发弹药而

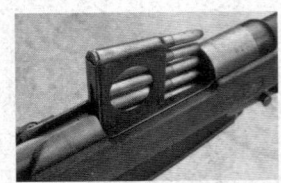

图 5.27　普通步枪的弹夹(左)和泵动式步枪的管式弹仓(右)

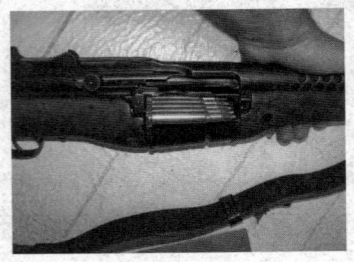

图 5.28　约翰逊 M1941 式半自动步枪的涡式弹仓

不出故障,在各种环境(如沙尘、低温、潮湿等)下都能正常使用,实际上是非常困难的,从总体设计到材料的选择、金属热处理和加工、装配精度、配件准备等各个方面都需要高水平的协作。AK-47和M-16等之所以能成为世界名枪,除了独到的设计,在其它各个方面也是下足了功夫的。

小八卦:抗战剧中两种常见的自动武器

抗战剧大家可能看得很多,看懂其中的武器是广大军事爱好者可以选择的独特角度,下面借此机会介绍一下抗战剧中两种常见的自动武器。

(1)大正十一式轻机枪

这种枪俗称"歪把子机枪",我们在抗战剧中经常看见,是一种非常独特的设计,尤其是它的弹仓,实际上是一个大开口的方形空间,偏向枪身的一侧,里面可以并排插入5个步枪用的单排弹夹。当时日本人的这种设计可能是为了通用步兵的弹药,而不必专门设计弹匣,以节省资源。因为弹仓偏向一侧,所以俗称"歪把子机枪"。因为这种武器的重心偏向一侧,

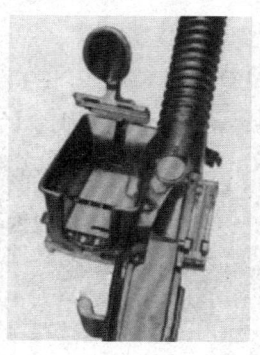 

图5.29　大正十一式轻机枪的弹仓

枪炮技术的发展与战例

所以瞄准很不方便，甚至携行都需要额外费不少力，的确不是一款好武器。在不少抗战剧里，经常出现这种"歪把子机枪"在弹仓全空的状况下射击的情形，这就不能不怀疑剧组人员的工作态度了。

(2) 捷克式轻机枪

抗战剧中另一种常见的武器是捷克式轻机枪，其典型特征是弹匣安装在枪身的上方。这种武器最早由捷克设计，其改进型后来授权英国生产（有人认为英国使用了卑鄙的手段从捷克人那里以低得可怜的价格获取了全套技术资料），称为布伦式轻机枪。该型武器是抗日战争中中国军队重要的步兵武器，性能可靠，威力大，相对日军的对应武器（即上述"歪把子机枪"）有一定的优势。在抗战剧中，常看到战士端着捷克式轻机枪长时间连续射击，这也是不真实的，因为这种枪的弹匣容量只有30发，连续射击的话只能坚持2秒钟左右的时间就需要换弹匣。这种不足降低了其火力的连续性，难以压制对手，所以战斗中有经验的射手经常靠长点射来保持火力，极少使用扣住扳机不放的连发扫射模式。

抗日战争是我们中国人难忘的共同记忆，准确地还原历史细节，不仅是影视行业的专业要求，也是对参加战争的官兵们

图5.30 捷克式轻机枪（左）和布伦式轻机枪（右）

的一种尊重。

战例　上甘岭战役

上甘岭战役是由美国第8集团军司令范弗里特发动的,旨在使用两个营的兵力,在空军飞机和炮兵支援下,夺取五圣山前两个小高地(597.9和537.7高地——高地名称其实就是其海拔高度),其中美军攻打597.9高地,韩军攻打537.7高地。但令范弗里特没有想到的是,志愿军第15军在军长秦基伟的率领下,采取了寸土不让的策略,坚决不从两个高地后撤,最后导致双方形成拉锯战,投入了超过10万人的部队,并造成了双方数万的人员伤亡。

战役分为三个阶段。第一阶段为争夺两个高地表面的拉锯战,从1952年10月14日开始一直打了7天到10月20日,双方对两个高地反复争夺,美军白天依靠炮火占领,志愿军晚上通过夜袭夺回,白天再重复前一天的情况。

据统计,战役第一天的10月14日,仅美韩两军的大口径火炮就向上甘岭阵地发射了16万发炮弹。与此同时,范弗里特对周围其它几个高地实施了钳制性的进攻,使得15军难以确定其战术企图并做出针对性的安排。在战前,志愿军判断敌人的主攻方向在西面的西方山,兵力部署也以西侧为主,导致上甘岭方向兵力不足,炮火支援也不足。即便如此,守卫上甘岭两个阵地的志愿军部队面对优势的美韩部队没有退却,依然占据着阵地。美军头两天轮番攻击597.9高地的四个营伤亡就

枪炮技术的发展与战例

达到700人,而志愿军方面第一天的伤亡也达到了500人。

家喻户晓的特级战斗英雄黄继光的事迹就发生在战役第一阶段的10月19日夜间。当天日落后,志愿军45师发起了一次被载入史册的反攻。在整晚的战斗中,45师涌现了好几位极其英勇的战斗英雄,而黄继光则是其中的代表人物。经过一夜苦战,志愿军夺取了597.9高地的大部分阵地,只剩下0号阵地还在美军手中。此时,负责进攻的135团6连已经没有足够的兵力来拔除阵地上的3个连环机枪地堡,担任营通信员的黄继光和6连的两位战士(肖登良、吴三羊)主动请战。在炸毁两个地堡,两位同伴牺牲后,黄继光在第三个地堡前也身负重伤,在投掷手雷没能炸毁地堡后倒地。此时,在其身后负责火力支援的连长万福来、指导员冯玉庆和营代参谋长张广生看到黄继光向身后大喊一声后,站起来毅然扑向最后一座地堡的射击孔,为冯玉庆赢得了炸毁地堡的时间,6连又夺回了整个阵地。

在同一天里,45师134团8连机枪手赖发均携手雷扑向敌人地堡,壮烈牺牲;4连副排长欧阳代炎在双腿被炸断的情况下拉响手雷,滚入敌群;8连19岁的战士龙士昌用身体顶住被敌人从地堡里推出来的爆破筒,与敌人同归于尽……类似的英雄行为数不胜数。现在我军的序列中,依然有"黄继光连"和"上甘岭特功八连"。

1952年10月21日,面对火力占绝对优势的美韩军队,志愿军退守高地背面的反斜面坑道,战役进行到第二阶段——艰苦的坑道战。坑道战进行了10天,面对志愿军坚韧的战斗意志,美韩军队一直没能找到占领反斜面坑道的有效方法,他们一旦靠近坑道,坑道内的志愿军就呼叫五圣山方向的炮火和重机枪火力的支援,反斜面上没有掩护的美军和韩军只能退回阵地。到了夜间,志愿军反而能借着夜幕的掩护对表面阵地实施骚扰,使得美军叫苦不迭。之后,美韩军队使用了封锁坑道补给线的方法,白天依靠火炮和飞机轰炸,夜间则主要依靠表面阵地的机枪火力,企图困死坑道内的志愿军,这就有了电影《上甘岭》中那个苹果的故事。事实是,面对敌人的封锁,给养和人员极难补充到坑道中,这十几天(加上后面反攻时部队还在坑道中战斗了几天)的坑道战中,志愿军曾开出送进坑道一筐苹果就记二等功的条件,但事实上一筐苹果也没能送进坑道。15军军长秦基伟甚至把军警卫连也补充到597.9高地,他的贴身警卫员王鲁也在穿越封锁线时牺牲,可见当时的封锁有多么残酷。这种情况一直持续到10月30日,战役进入第三阶段,志愿军开始大反攻。

在1952年10月25日的时候,15军和兵团指挥部已经决定在30日展开反攻。首先给各个炮兵部队备足弹药(按每门炮300~500发的弹药量,为15军配备了11万发炮弹),并将3兵团用于纵深防御的67门大口径火炮配属给15军;同时将29师两个团划拨给45师指挥,将12军的31师和34师一部也补充给15军,准备反攻。10月30日开始,志愿军在炮火的支援下,对597.9高地发起反击,在31日创造了弹药最大消耗量,共发射了30多万发子弹,2万1千发炮弹,掷出3万颗手雷和手榴弹,260根爆破筒。经过7天的鏖战,美军在11月5日放弃了进

 枪炮技术的发展与战例

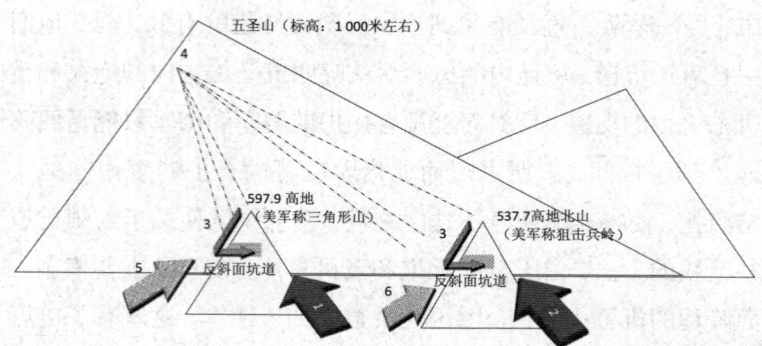

1. 10月14~20日，美军第7师进攻597.9高地，与志愿军15军45师反复争夺；
2. 10月14~20日，韩军第2师进攻537.7高地北山，与志愿军15军45师反复争夺；
3. 10月21日，志愿军放弃表面阵地，进入坑道，美韩军占领阵地，坑道中的志愿军不断在夜间袭扰占领阵地的美韩军；
4. 在坑道战期间，坑道中的志愿军得到来自五圣山方向15军的火力和补给支援，而美韩军则千方百计封锁对坑道的补给支援；
5. 10月30日~11月5日，志愿军开始大反攻，与美军反复争夺597.9高地，最后美军于11月5日终止了对"三角形山"的进攻；
6. 11月11~25日，志愿军12军31师对537.7高地北山发起反攻，占领阵地，至25日，韩军停止进攻，上甘岭战役结束。

图5.31 上甘岭战役示意图

攻597.9高地，第8集团军承认："在三角形山之战被打败了。"

1952年11月11日，双方又开始在537.7高地展开争夺。虽是面对韩国军队，但在美军炮火的支援以及飞机的封锁轰炸下，志愿军在537.7高地也打得异常艰苦，韩国军队在丢失阵地后也发起了持续不断的反击。双方战至11月25日，韩军放弃了进攻，退回到上甘岭战役开始前的阵地，上甘岭战役结束。

战役中，除了纵深炮火支援，志愿军进攻时主要依赖的就是步兵轻武器，尤其是冲锋枪和手榴弹。因为战斗强度太高，战场又狭小，我军战士普遍不愿意使用步枪，嫌其射速太慢；

五、自动武器

图5.32　从朝鲜战场上志愿军的照片中可以看到苏制"转盘机枪"和波波莎冲锋枪

而配备的马克沁重机枪又笨重又需要水冷，在上甘岭上根本不堪使用；苏联制造的捷格廖夫轻机枪（俗称"转盘机枪"）虽弹盘装弹量大，火力凶猛，但因为弹盘和子弹间空隙大，夜间行进时有声响，极易暴露目标，所以不太受欢迎。最受欢迎的是波波莎冲锋枪，无论进攻还是防守，用起来都非常有效，只是配备的弹鼓较少，45师打坏的枪支中70%是冲锋枪。而手榴弹被大量使用，一方面是因为其杀伤力较大又便于携带，另一方面也缘于我军在重火力上的相对劣势，士兵们只能更多地依靠手榴弹来杀伤敌人。

　　这场战役的伟大之处在于志愿军以劣势装备打了一场硬碰硬的阵地战。志愿军在无法施展运动战灵活多变的战术优势的情况下面对美军，不仅没有后退一步，而且伤亡数字也至少与美韩军队持平（双方统计数字有出入），不仅显示出高昂的斗志和强悍的战斗力，战术素养也堪称一流。这场战役也反映出单兵自动武器在战场上的重要性，尤其是在炮火难以施展的夜间战斗中。之后，单兵武器自动化就迅速在军事大国中普及，突击步枪也迅速成为步兵的标准装备。

六、世界大战中的火炮

工业革命把人类带到了机械化的时代，机械化大生产大大提升了各种武器的生产技术，其中生产技术发展最快的武器就是火炮。与之后驰骋疆场的其它新式武器（如飞机、坦克）不同，火炮是一种人类已经使用了几百年的武器，军事家们对火炮的使用已经有了成型的理论，对火炮性能提升的需求也早已确定，所以新技术一出现，就能很快地投入应用，使火炮在精度、射速、破坏力等方面全面提升。在随后的两次世界大战中，火炮都扮演了决定性的角色。

1. 新型火炮的技术革新

后膛炮的出现，提升了火炮的射击速率和操作性能，但有一个问题未能解决，就是火炮发射时巨大的后坐力。火炮的后坐力虽然一直困扰着炮兵，但在之前目视瞄准的时代还不是个大问题。随着火炮的射程超越了目视的距离，后坐力对精确性的干扰达到了难以接受的地步，因为火炮位置的移动会大大影响整个弹道的精确度，导致炮弹偏离目标。同时，由于远程火炮重量大，移动困难，所以后坐力导致的位移难以恢复，这又反过来影响了火炮的射速，使得重型火炮经常在低于每分钟一发的低射速下射击。

解决这个问题的还是历史上为火炮技术做出过巨大贡献的法国人，他们发明了可以消解大量后坐力的"管退"机构。"管退"是针对"架退"而言的，即将整门大炮整体后退改为让炮管单独后退，而炮架则可以基本保持不动，之后再借助复进装置靠弹簧或液压将炮管回复到原位。这个原理我们在本书第五部分的自动武器的自动原理中有所提及，对于枪械和小口径速射火炮，"管退"用于自动射击的击发、抽壳、上膛等一系列动作；对于大中口径的火炮来说，"管退"主要是用来消解后坐力，继而减少火炮位移，便于下一次发射的瞄准，这样也从另一个方面提升了火炮的射速和火力的连续性。

除了"管退"机构之外，两次世界大战前后还出现了很多其它的火炮技术，如炮管自紧技术。最初是使用钢丝缠绕炮管后，再在外侧包覆另一层炮管（所以也称"丝紧"技术），这样外层炮管对内层炮管始终保持一个变紧的应力，用于平衡火炮发射时火药爆炸气体对炮管施加的外扩力，能延长炮管的寿命，当时世界上最大的战列舰——日本的"大和"号和"武藏"号的主炮就使用了这种工艺。随着科技的进步，自紧炮管的工艺又得到了进一步的提升，不再使用钢丝，而是用液压扩张或者低温冷却的方式，使得内炮管在外炮管的约束下发生临界的塑性形变，能显著延长炮管的使用寿命。自紧式炮管已经是现代火炮的标准技术。

枪炮技术的发展与战例

2. 引信技术和新型弹药技术的发展

除了火炮本身的技术提升，在世界大战前后，弹药技术的发展也大大促进了火炮威力的提高。

在火炮弹药（也包括部分枪械弹药）中，引信是一个非常关键的部分，尤其是使用炸药的战斗部，必须依靠引信来引爆炸药（当然实心战斗部是不需要引信的）。引信的作用本质上是控制弹头起爆的最佳时机，是很多武器（包括核武器）中最精密的装置。可以说，如果没有引信，多数战斗部是没有实际用途的。炮弹引信的分类方式很多，从其作用原理来分，最常见的几类大致是触发引信、时间引信和近炸引信。

早期可靠的时间引信和触发引信都需要基于精密机械加工技术（现在更多依赖电子技术），而近炸引信则更多依靠无线电技术。在二战中，近炸引信被认为是最重要的发明之一。关于引信，我们在后面的第八部分再详细介绍。

与引信技术的发展一起，炮弹的弹种也丰富起来。除了传统的穿甲弹和榴霰弹，二战期间对装甲目标的打击需求催生了次口径穿甲弹，对船只等目标的打击需求导致了穿甲爆破弹和穿甲燃烧弹的出现。除此之外，燃烧弹、烟幕弹、照明弹等特种弹药也应运而生。关于炮弹，我们在后面的第七部分再做专门介绍。

3. 火炮瞄准技术的发展

一战时，榴弹炮的最大射程已经超过14千米，加农炮最大

六、世界大战中的火炮

射程超过22千米,打击视距外的目标成了火炮的重要任务,之前的直接瞄准技术就不够用了,需要负责侦察测绘的专业兵种的支持,为炮兵阵地上的火炮指示目标。而阵地上的炮兵参谋会以一门炮为基准(称为基准炮)计算瞄准数据,然后根据其它炮位与它的相对位置,计算其它炮位的瞄准数据。为了便于迅速射击,炮位上的炮兵会将校准后火炮的瞄准器指向一个显著的不会移动的目标物,如一间房屋或一座山峰等,以便在射击后火炮重新复位时能迅速调整到原来的射击方向。这种瞄准一个可视固定目标来射击视距外目标的方法,就是常听到的间接瞄准技术。这里要注意的是,电影中大量火炮集中在一起发射的情况现在已经不是很常见了。火炮阵地集中的好处是其它火炮可以直接使用基准炮的瞄准数据而不需要做复杂的修正,但是这样也很容易被对方一网打尽,比如遭到飞机轰炸时,炮位紧密布置的阵地在一个架次的攻击下就可能全军覆没。因此,实战时炮位之间的距离通常都很远。

  火炮的间接瞄准是一项非常专业的工作,涉及地理、测绘、气象、数学、弹道学等多个学科,还需要保持对目标的持续观察,这就要求观察哨和炮兵阵地保持良好的通信,一方面校正弹道,一方面避免误伤友军。在无线电完善之前,要维持通信,很多时候要依靠旗语、灯光甚至信鸽。飞机最初被用于战争就是执行炮兵校射任务,之后双方为了赶走对方的侦察机才开始争夺制空权,可以说空战时代是因为炮兵校射而开启的。

枪炮技术的发展与战例

冷知识：空军是炮兵催生的

一战开始时，飞机刚被发明10年左右，但很快就被用于战争目的，最初是因为炮兵的需求。由于目标在视距外，炮兵需要有更好的手段校正弹道，并需要对轰击效果实施评估，而使用飞机进行空中侦察无疑比在前沿设置观察哨有效得多。最初飞机在战争中主要是完成侦察任务，当然很快双方都不会允许对方的飞机在自己上空随意侦察，因此产生了驱逐对方侦察机的需求，这就出现了制空权的争夺，所以战斗机也被称为"驱逐机"，空战时代就此拉开了大幕。

同样，在海战中，配备远程舰炮的重型战舰更加需要有空中力量帮助寻找和指示视距之外的敌方目标。最初在一战时战舰靠携带水上飞机来完成这项工作，之后则直接促进了带有飞行甲板的航空母舰的诞生（最初的航空母舰都是作为战列舰的支援力量而设计的）。

4. 自行火炮的出现

在第二次世界大战之前，火炮主要依靠牵引实施机动部署，当时的牵引火炮可以很好地配合其它兵种的机动部署。而在二战开始后，部队的机动能力由于机械化装备而迅速提高，尤其是德国的闪电战理论要求坦克、步兵和炮兵协同作战，因此对火炮的机动性能有了更高的要求，需要和坦克具备同样的机动性能，能快速进出阵地，还要有一定的野外生存能力，可以不间断地实施火力支援。自行火炮就在这个时候进入了

六、世界大战中的火炮

图6.1　二战中北非战场的意大利军队装备的自行火炮

战场。

在二战中，世界上第一门具有装甲防护的炮塔式自行火炮是由德国人制造的。第一次世界大战中崛起的牵引式反坦克炮在机动性、防护性上都较差，德军认为，只有使这些火炮跑得和敌方的坦克一样快，才能有效地与坦克相对抗。另外，由于初期坦克的火炮口径较小，火力较弱，也需要有一种能够伴随坦克行进，为坦克提供火力支援，并有一定防护性能的火炮。

1939年，德军占领了捷克斯洛伐克，获得了大量当时性能比较优异的捷克造47毫米反坦克炮。德国的阿尔凯特公司把这种炮安装在Ⅰ型坦克底盘上，设计制造了一个背面敞开的箱形装甲炮塔，炮塔不能旋转，但火炮可左右侧转15度。这可以说是世界上第一种自行反坦克炮，实战效果良好。后来，德国又将105毫米口径的加榴炮安装在Ⅱ型坦克的底盘上，这就是著名的黄蜂式自行火炮，在东线战场使用后效果相当不错。1942年后，德国又为装甲师配备了装有150毫米口径榴弹炮的野蜂式自行火炮。苏联则针锋相对地开发了装有72.6毫米火炮的SU 76自行火炮，尽管其威力面对德军坦克时略显不足，但其射速很高，达到每分钟25发，提高了对活动装甲目标打击的有效性，与装备了122毫米榴弹炮的SU 122配合，同样战果累累。美国制造的M 7自行火炮是将105毫米榴弹炮安装在M 3战车底盘上，最初装备英军用于在阿拉曼战场对抗德军坦克，其表现让英国人在赞叹之余一口气订购了5 000辆。当时的自行火炮多采用开放式装甲，造价低，生产速度快，在1942～1945年，苏联制造了14 000门SU 76自行火炮，这也从侧面反映了自行火炮的有效性。

图6.2　德军最初装备的47毫米半装甲自行火炮

二战早期的自行火炮通常都是一款标准火炮配合一款坦克或战车的底盘，再加装部分装甲而成。自行火炮最初的用途主要是反坦克，因此也被称为坦克歼击车，为了对付移动的坦克，在机动能力之外还要求有很高的射速。此外，自行火炮还广泛用于为步兵和坦克提供近距火力支援。在战争后期，出于支援城市巷战的目的，开发了一批大口径的自行火炮，其代表是苏联的ISU 152。ISU 152配备了152毫米加榴炮,设计为具备驱逐装甲战车、步兵支援和机动火炮等多重功能,1943年服役,在之后的各场战役中表现出色,在二战结束前生产了近1 900辆,并一直使用到冷战期间,直到1970年仍被苏联红军及华约组织的联合武装部队使用。

二战中,还出现了自行防空炮和自行火箭炮,也是将成型的火炮安装在已有的车辆底盘上。自行防空炮可以在野战环境下有效防护低空轰炸机的打击,而车载的自行火箭炮则多配备在机动性更高的卡车或半履带车上。

自行火炮的诞生使传统的炮兵具备了跨越式的机动能力,凭借其大口径火炮的杀伤力和较长的射程,有效弥补了坦克火力的不足。同时,借助轻装甲和配备的机枪,自行火炮本身的战场生存能力也比普通的牵引火炮有了大幅度的提高。第二次世界大战后,自行火炮得到了飞速的发展,时至今日,已经成为陆军的主战装备,甚至有取代牵引火炮的趋势。

两次世界大战将火炮技术推到了一个新的高度。随着火炮本身性能的提升,以及弹药和引信技术的进步、间接瞄准技术的发展,加上火炮由拖曳转向自行的趋势,火炮已经不再是乌尔班在君士坦丁堡城外架起的那几根容易爆炸的金属管子,而成为具有很高技术含量的集侦察、火力、机动、精确性、多种杀伤和破坏方式为一体的现代战争之王,不仅在陆地上,在海上和空中也依然是最为重要的武器。下面我们会通过两个战例来了解一下这些技术发展对战争的改变。

枪炮技术的发展与战例

冷知识：一战火炮和二战火炮的主要区别

现代火炮基本上是从二战时期演变下来的，因此大家对一战时期的火炮了解不多。事实上，由于一战主要是正面的堑壕战，因此使用了大量的固定式大口径火炮，火炮口径常超过200毫米甚至300毫米，炮弹质量动辄三四百千克，火炮自重超过50吨。即使如此笨重的炮身，依然很难抵消巨大的后坐力，以至于不少大口径火炮还需要配一个铁箱，架设好后，往铁箱里装填泥土，以增加炮身重量，减少后坐力的影响。以一战期间英国陆军常用的 MK-IV 型12英寸305毫米 BL 攻城榴弹炮为例，其炮弹重达340千克，战斗时需要在配置的大铁箱里装进20吨泥土，火炮总重能达到58吨。这种炮在一战早期需要拆卸成6个部分才能运输，后期使用大功率的卡车牵引，从行军状态转换到战斗状态需要24小时以上。

一战期间以堑壕战为主，大口径弹药能有效摧毁混凝土工事，凭借较大的射程还能避免对方的反炮兵射击。这促使各国陆军装备了大量的大口径火炮，法国就因为缺乏大口径火炮而在与德国作战初期饱受打击，不得不拆除部分岸防火炮补充陆军炮兵。但大口径火炮机动非常困难，即便可以牵引，也经常堵塞道路。同时，重量巨大的弹药还需要配备绞车等起重工具，甚至影响到了火炮的射角。在野战条件下，因为炮弹和炮身重量都太大，装填、调整速度太慢，导致射速太低，很多火炮一个小时才能发射几发炮弹。到了二战时，在空中打击以及机动的坦克和自行火炮的威胁下，不能快速机动意味着极易受到打击而无还手之力，于是口径超过200毫米的重型大口径火

六、世界大战中的火炮

一战中炮身笨重、弹药巨大的大口径火炮的机动性异常糟糕，面对越来越有威胁的空中打击，在二战中很快被淘汰。

图6.2 一战中炮身笨重、弹药巨大的大口径火炮

炮迅速从陆军中消失，而以苏联的152毫米、美国的155毫米口径加榴炮为代表的火炮成为陆军的主力装备。

当然，大口径火炮并没有从此退出历史舞台，它们依然在舰炮领域显示着自己的威力。随着造船技术的提高，二战期间的战列舰普遍装备了口径超过300毫米的主炮，在战争后期入役的美国"衣阿华"级战列舰的主炮口径为406毫米，日本"大和"号、"武藏"号的主炮口径甚至达到了460毫米。军舰本身有较强的机动能力，又具备足够的动力和机械装置，而且军舰通常远离海岸和敌舰，需要具备远程打击能力，因此，即便在面临航母舰载机空中打击的二战中，大口径舰炮依然凭借其射程和威力，成为两栖作战中重要的火力支援武器。直到二战之后，美军的"衣阿华"级战列舰还参加了朝鲜战争、越南战争和海湾战争，其装备的9门406毫米舰炮是当时世界上口径最大的火炮，在朝鲜战争期间，其火力投射相当于3个当时的攻击机飞行中队。当然，在海湾战争后，大口径火炮似乎真的退出了历史舞台，目前各国装备的主力重炮包括舰炮口径基本都

枪炮技术的发展与战例

在150毫米上下,远程大规模的火力打击任务更多地交给轰炸机和战术导弹来完成。

战例1 日德兰海战

一战中,英德日德兰海战或许是最后一场大炮巨舰间的大海战,其起因是英国希望借助优势的海军力量将德国的公海舰队封锁在港口中,而德国则希望能借机摧毁英国的海上力量以摆脱被封锁的状态。

德国企图通过派遣一支诱饵舰队袭击英国沿海的方式吸引英国舰队出击,之后集中自己的海军力量尽力歼灭英国海军的重型军舰,以降低英国对德国海军的封锁能力。

1916年5月31日下午,双方同时发现一艘丹麦的班轮,继而发现对方,开始了第一轮冲突。英军开始追击,德军的侦察舰队尽力将英军的巡洋舰分遣队吸引到自己主力舰队的火力范围内,与此同时,尽管开始时英军有所误判,但也意识到德军主力出现,于是英军主力舰队也开足马力赶往战场,如图6.3中1所示。6点15分左右,德国舰队发起了一次对英国巡洋舰分遣队的炮击(图中2)。依靠着精湛的操炮技术,以及英国舰队在信号旗上的混乱以及测距失误,德军击沉了英舰"防卫"号,重创"勇士"号。但随后英军主力赶到,而且已经摆好阵势,正好一字排开,以侧舷面对德国舰队的纵队队形,这样英军可以将所有火炮转到侧舷方向集中火力射击德军纵队,而德军纵队只能使用舰首的主炮进行射击。面对这样的不利态势,

六、世界大战中的火炮

德国舰队迅速转向,虽然转向能躲避英军的优势火力,但转向引起的顺序混乱也导致几艘德国军舰被击中。令人意外的是,德国战列舰"德芙林格尔"号在负伤的情况下,击沉了英军的"无敌"号重巡洋舰(图中3)。

英国舰队司令杰里科也调整航向,希望能插入德国舰队和其港口之间的位置,以阻止德国舰队撤回港口。双方在狭窄的海域大范围转向,德军一直努力占据内线的位置,不让英军的目的得逞(图中4)。一度脱离接触后,在晚上7点15分(图中5),德军再度转向,以避免自己的退路被切断,此时双方舰队几乎平行前进,两军再度遭遇,展开了炮战。此时英军的位置更好,日落时分,德军处在更容易被发现的西侧,但似乎德军在操炮上更加娴熟和精确,双方各有损失。晚上8点后(图中6),随着夜幕的降临,双方再度脱离接触,晚间有一些零星交火。此时德军依然占据着内线,得以撤离到母港的安全区域,

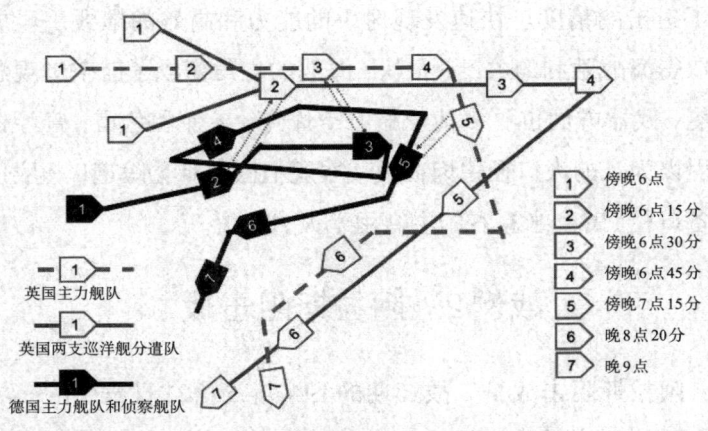

图6.3　日德兰海战示意图

枪炮技术的发展与战例

而英军主力尽管有所损失，但也未遭到重创，依然具备封锁德国舰队的能力。

战后统计，德军一共发射了3 597发大口径炮弹，命中率为3.33%；英军发射了4 598发大口径炮弹，命中率为2.17%。当然，在夜间混战的情况下，这只是大致的统计值，但从中可以看出当时大口径火炮海战时的大致射击精度。

对日德兰海战的胜负各有评论，但从这场世界历史上最大的海军炮战中，已经能隐隐看到大炮巨舰的局限性：首先，在茫茫大海中发现对方是一个巨大的挑战，其实德国舰队和英国舰队在31日下午平行航行了很长时间都没有发现对方，只是碰巧一艘丹麦的不定期班轮从双方之间经过，其烟囱的烟雾被双方同时发现，才最终导致海战的爆发；其次，尽管大口径火炮的威力巨大，但面对装甲厚重的战列舰，要击沉对方还是相当吃力，一方面目标能够快速移动，另一方面海浪的颠簸也影响了射击的精度。快速发现对手的能力和高效的摧毁手段成为取得海战胜利的关键，很快，海战的主角变成了航空母舰和潜艇，武器方面也更多地依靠航空炸弹、导弹和鱼雷，曾经让人引以为豪的大口径主炮在现代军舰上已经难觅踪迹，一般仅装备口径150毫米左右的主炮用于火力支援。

战例2　阿拉斯阻击战

阿拉斯阻击战是二战初期的1940年5月21日发生的一场为人津津乐道的小型战斗。隆美尔当时任德军第七装甲师的师长,率部从康布雷向法国西北小镇阿拉斯进攻,以占领阿拉斯西南侧的高地为目标,而在这时,英军在阿拉斯的装甲部队向隆美尔发动了一次反击,这次反击出乎德军的意料。

当时隆美尔的部队已经占领了阿拉斯西南方向的威里,从阿拉斯进攻的英军对隆美尔的部队造成严重的威胁。尤其是英军的重型坦克,虽然速度慢,但装甲厚,德国Ⅲ型坦克上的短管坦克炮难以对其造成威胁。此时,隆美尔能依靠的就是位于威里西侧一座小山上的一个高射炮和战防炮阵地了。隆美尔在通知自己的师部关于威里的险情后(隆美尔经常脱离师部到一线直接指挥部队),亲自组织炮兵向英军射击。

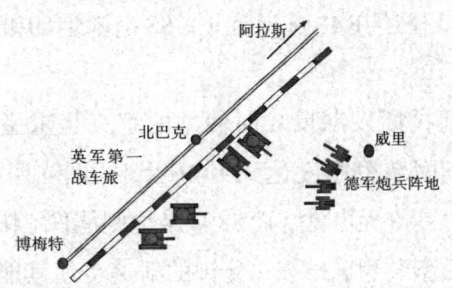

图6.4 隆美尔在威里指挥炮兵击溃了英军重型坦克的反击

当时英军有两股部队向威里方向进攻,一组来自博梅特和北巴克之间的方向,一组来自北巴克方向,最近的坦克已经开到离隆美尔1 200码(约1 100米)的地方,并且击毁了一辆德军Ⅲ型坦克。隆美尔命令所有火炮以最快速度向目标开火,而且每门炮都向他本人亲自指示的目标射击,结果德军装备的88毫米口径高射炮起到了出乎意料的作用。88毫米口径高射炮原本设计为防空武器,用于对付当时已经能飞到5 000米以

枪炮技术的发展与战例

图6.5 著名的德国88毫米口径高射炮

上高度的飞机。作为一种高射炮,它不仅弹丸初速快,而且射速很高,非常适合打击移动的装甲目标。考虑到当时德军主要反坦克炮的口径还在47毫米上下,88毫米炮的破坏力几乎是空前的。

英军在阿拉斯发动反攻时使用的坦克是重型坦克玛蒂尔达Ⅱ型,其正面装甲厚度达到90毫米,德国当时的47毫米反坦克炮几乎对其毫无办法,而88毫米炮则能像"快刀切奶油"般地切开其重型装甲,15发/分钟的射速也使其能迅速调整弹道,提高命中率。当然,英军重型坦克移动缓慢也是惨遭打击的原因。隆美尔的亲自指挥很快就起到了作用,来自两个方向的9辆英军坦克被击毁,这次盟军在西线唯一有些威胁的反攻就在炮兵阵地前被消解于无形。

隆美尔本人在这次战斗中对88毫米高射炮的性能印象深刻,之后在北非战场上多次利用88毫米炮对付性能占优的英军坦克,创下辉煌战绩。而这种传奇的高射炮后来也被选为德军装甲王牌——虎式坦克的主炮,能在2 000米距离上贯穿几乎当时所有盟军坦克的正面装甲，其对盟军装甲目标的巨大威胁一直持续到战争结束。

从这次小战斗中可以看出，尽管坦克的机动能力对火炮造成了巨大的威胁，但凭借着地形优势和巧妙的战术安排，以及直瞄火炮本身的口径和精度优势，在运动战中将坦克引入预设区域实施伏击是一种非常有效的战术。不仅隆美尔之后在北非屡屡使用这种战术，在朝鲜战场上，装备处于劣势的志愿军也常使用类似的战术来化解美军的机动和火力优势。

两次世界大战时期火炮的技术已臻成熟，战术体系也基本形成。在一战中，除了提升火炮的杀伤力和破坏力，炮兵和步兵的协同作战能力也得到了各国的重视，这使得火炮的威力得以淋漓尽致地发挥。二战中，火炮对装甲目标的摧毁能力是各国技术和战术发展的重点，同时，由于火炮需要和摩托化部队及坦克一同行动，其机动性的加强也是二战时期火炮技术的一个特点。

七、炮弹小记

相比火炮,大家对炮弹的技术的了解恐怕要少得多,而事实上,弹药对于火力而言甚至可以说重于枪炮,弹药的发展历程甚至比枪炮还要悠久。枪炮实质上只是弹药的投送装置,而弹药才是最终形成火力和杀伤的具体物质。在开始介绍弹药的发展历史前,让我们先了解一下几个关于弹药的常见而又陌生的概念。

1. 关于弹药的基本知识

(1)战斗部

战斗部也被称为弹头、弹丸,是指投射向目标以对其实施损坏的物体,最早被称为弹丸是因为中世纪时火器的战斗部通常为球形的金属或石块,后来被称为弹头。由于战斗部是最终摧毁目标的实体,所以战斗部的发展史几乎能完美地反映出整个现代军事科技的发展史。枪械和火炮由于几何尺寸上的差异,战斗部的发展形成了两条不同的道路。

(2)发射药

发射药是热兵器时代将战斗部投送到目标的物质。可以说,热兵器之所以区别于冷兵器,就是因为它能通过燃烧发射药而非依靠机械力来投送战斗部。发射药的出现使得化学能代替了机械能,成为投送战斗部的主要能量,而如何将化学能潜力发挥到极致,就成了提高投送能力的主要努力方向。到了今天,有观点认为化学发射药的性能已近极限。无论是枪械还是火炮用的发射药,主流都是固体形式,装药方式可简单分为固定式和分离式两种。固定式装药就是发射药和战斗部结合在一起(比如子弹),称为"定装弹";分离式装药则是将发射药单独包装,与战斗部(弹头)分开的装药方式。早期的火器由于技术限制,基本都是采用分离式装药,进入现代,分离式装药主要用于大口径火炮,一方面可以通过装药量来调整射程,另一方面也是因为弹头与装药结合为一体会使重量过大,难以运输、储存和装填。定装弹则有着快速方便的巨大好处,因此,稍小口径武器都采用固定式发射药。

(3)引信

引信也称信管,是弹药的控制机构。火炮弹药的战斗部通常都装有爆炸物,引信则主要用来控制战斗部的起爆时机。引信科技在二战后对弹药的威力发挥起到了非常重要的作用,也正逐步成为引领弹药科技发展的新前沿。引信种类繁多,为简单起见,可以分为触发引信和非触发引信两类。顾名思义,触发引信就是以接触目标为起爆时机的引信,非触发引信则不以接触目标为起爆时机,而是通过定时器、无线电回波、红外线强度等控制起爆的时机。本书第八部分还要专门介绍引信。

枪炮技术的发展与战例

(4) 炮弹生产与抽样检测

弹药除了达成其损毁目标的火力功能之外，其本身的可靠性和储存运输安全性也是极其重要的质量指标。人们为了控制炮弹质量所做的努力甚至导致了目前在各个行业所使用的质量管理体系的诞生。

现代质量管理体系中最常用的检测方法之一就是抽样检测。抽样检测有一整套严格的统计抽样方式，以确保有限数量的样品能显示出整个批次产品的制造品质，这个体系最初就是因为需要对炮弹实施质量检测而发展起来的。对炮弹而言，显然不可能对每一发进行实际发射来判定其品质，但又需要有合适的方法来确保其品质足够高，以避免残次品在使用中危及军人的生命。由此，统计抽样检测制度就诞生了。统计抽样检测制度是基于严格的数理统计原理，以抽取的数量有限的样品来判断一个稳定生产批次的产品的品质。这种方法有效保障了炮弹的品质，并且在之后广泛应用于几乎所有的生产行业。今天我们能用上品质可靠的日用品，很多是拜统计抽样检测的质量控制体系所赐。

(5) 炮弹的基本结构

历经多年发展，现代弹药的形式和过去有着巨大的不同，我们先以现代火炮弹药为例来了解一下炮弹的基本组成部分，如图7.1所示。

下面大致以黑火药时代、工业革命时代、世界大战时代和战后时代为主线，简单介绍一下炮弹的发展历史。

七、炮弹小记

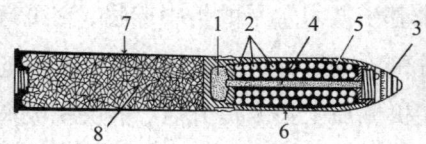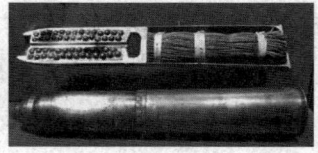

1. 炸药　2. 预制破片　3. 引信　4. 引爆雷管　5. 破片填充物　6. 钢制外壳　7. 发射药筒（俗称弹壳）　8. 发射药

图7.1　现代榴弹的基本结构

2. 炮弹发展史之一——黑火药时代（9～19世纪）

在这个时代的绝大多数时间里，人类唯一的爆炸物就是黑火药，正是黑火药导致了热兵器的产生。本书第一部分已介绍过黑火药，此处不再赘述。

黑火药时代的炮弹主要分为三种：实心弹，爆破弹，霰弹（又称为葡萄弹）。其中爆破弹包括榴霰弹，即把榴霰弹归入爆破弹而不归入霰弹。

实心弹是最易于生产和加工的炮弹。早期的火炮加工精度有限，将炮弹做成球形能确保炮弹不会因为在炮管中偏转而卡死，同时球形炮弹在落地后能以很大的惯性滚动，对密集的步兵和骑兵方阵依然具备杀伤力，尤其是能破坏行进中的密集队形，在当时这对削弱对手有着重要的意义。球形实心炮弹主要由石头或金属制成，通常重量都很大，所以可以依靠其巨大的惯性来破坏建筑物结构，对人员也有一定的杀伤力。实心弹的成熟使得传统的中世纪城堡不再具备防守上的优势，战争的主流形式也开始从城市攻防转向野战。

当然球形实心弹是一个基于技术水平的折中产物,它飞行阻力大,精度低,储存运输和装填都有一定的困难,对人员的杀伤力也相当不足,因此在机械加工技术提升后,很快就被淘汰了。

黑火药时代的爆破弹是在球形实心弹基础上发展起来的用于加强对人员杀伤的一个弹种,是在一个空心的球形炮弹中装满黑火药和金属破片,借助黑火药在人群中爆炸,使得金属破片飞出来杀伤周围的人员。只是由于技术限制,起初它的威力非常有限,主要是因为没有可靠的引信来控制爆炸的时机。最初的引信一般是导火索或慢燃火药,通过炮弹表面的一个孔与内部的黑火药连接。导火索和慢燃火药本身的可靠性就不够,燃烧速度难以控制;同时由于球形炮弹发射时会在炮管中翻滚,又影响了引信的燃烧,加上炮弹落地后的滚动也会对引信的燃烧产生影响(例如磕碰、沾上泥沙或水等),因此很难保证爆破弹及时爆炸。参见本书第一部分的图1.6。

本书第一部分介绍过,英国炮兵中尉亨利·施拉普内尔1784年发明了具备实用价值的榴霰弹(参见图1.7),他的发明将爆破弹带到了一个新的时代。

霰弹是将预制的破片(小弹丸)装在一个容易破碎的容器中,直接装入炮膛中,借助发射药的动能,将小弹丸以高速一起发射出去,弹丸离开炮管后在火药气体的作用下会以一个扇形(或称锥形)散开,杀伤周围的人员。黑火药时代的霰弹常见的有葡萄弹(参见本书第一部分的图1.5)和分层弹。在爆破弹可靠性不高的时代,霰弹是打击人员的重要手段,只是霰弹射程较近，只在近战中比较有效。

3. 炮弹发展史之二——工业革命时代（19世纪到第一次世界大战）

工业革命时代，化学科技和冶金/金属加工科技出现了巨大的进步。线膛后装炮的出现使得炮弹能制成圆柱+圆锥的形状；多硝基化合物的使用催生了安全的无烟火药和高能炸药，使得火炮的射程和威力都有了巨大的提升；钢铁在火炮和弹药上的应用使得弹丸壁更薄，既可以承受冲击，又不会吸收过多爆炸能量，火炮开始成为战场上最具威力的武器。

这些技术首先用在了黑火药时代难以投入实战的爆破弹上。随着线膛炮一起出现的是圆柱+圆锥形的炮弹，这种炮弹能基本保持稳定的飞行方向和姿态，也使得同一时代出现的触发引信得到应用。同时，炮弹弹头内装填的爆炸物也升级为苦味酸或TNT等高能炸药，破坏力成倍提高。另外，无烟火药成了主要的发射药，其优异的性能配合新式后装炮的良好气密性，又将火炮的射程成倍地提高。

图7.2　75毫米高爆弹的战斗部

同样的技术也都用在了榴霰弹上,形成了现代榴霰弹的基本设计。随着火炮和步枪杀伤力的提高,密集队形已经从战场上消失,散兵线战术逐步成型,这也对榴霰弹对人员的杀伤力提出了更高的要求。因此,将外壳做得更薄,内置的破片更多,炸药的爆炸能量更高,就成了榴霰弹发展的方向。

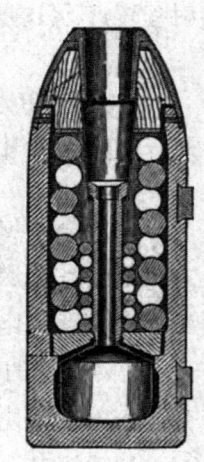

图7.3 马克Ⅲ型榴霰弹战斗部

冷知识:无烟火药

黑火药是人类的重要发明创造,但由于当时不具备化学提纯的能力,硝石、硫黄的纯度都很低,燃烧不充分并会产生大量的残渣。黑火药能量不足也使得当时的枪械口径普遍偏大,因为子弹需要更多的装药才能具备足够的初速。黑火药的弱点影响了火炮的射程和射速,还导致步枪的威力不足。随着化学科技的发展,1845年,德国的化学家舍恩拜将棉花浸泡于硝酸和硫酸的混合溶液中,洗去酸液干燥后得到了最早的硝化纤维。1860年,普鲁士军官舒尔茨开始使用硝化纤维制作枪炮的发射药,硝化纤维成了第一种用作发射药的无烟火药。无烟火药燃烧充分,不留残渣,也不产生烟雾,同时由于其是多硝基化合物,本身既是氧化剂又是燃料,燃烧后能产生更多的气体,赋予弹头的动能更大,所以很快,无烟火药就替代黑火药,成了主要的发射药。但硝基纤维本身也有着巨大的缺陷:它本身不是很稳定,常温下就会缓慢分解并放出热量,如果不能迅速散热,达到180摄氏度就会自燃。为此,人们常使用水或酒精作为其润湿剂,但如果包装损坏,润湿剂挥发,还是极易造成火灾。到了1884年,法国化学家维埃里将硝化纤维溶解在乙醚和酒精中,加入了适量的稳定剂,使之形成胶状物,再将其压成片状并干燥硬化,有效解决了硝化纤维不稳定的问题,制成了世界上第一款安全无烟火药。法国军方旋即将其用于MLE 1886式步枪子弹的制造,起初被称为"白粉",来与之前使用的"黑粉"(黑火药)区分开。紧跟着,阿尔弗雷德·诺贝尔(就是后来设立诺贝尔奖的瑞典大亨)在1887年发明了另一种无烟火药"Ballistite":在等量的硝化纤维和硝化甘油的混合物中加入10%的樟脑,樟脑能和两种爆炸物分解产生的任何酸性物质反应,从而稳定了整个体系,防止了两种爆炸物的进一步分解和可能的自爆。英国人也不甘落后,英国政府的"爆炸物委员会"主席阿贝尔爵士联合了另两名委员——德沃爵士和科尔纳博士,开发出另一种安全无烟火药"Cordite",它的配方是58%的硝化甘油、37%的硝化纤维和5%的凡士林,

图7.4 无烟火药

用丙酮作为溶剂，混合后干燥并挤出成型。"Cordite"成为英国枪炮的基本装药配方。"Cordite"和"Ballistite"一样都属于双基发射药，由两种主要的爆炸物构成，这种方式成为之后一战、二战枪炮发射药的重要形式。

穿甲弹和穿甲爆破弹也是在这个时代发展起来的弹种，主要用于在海战中破坏舰船的装甲和设备。19世纪已经出现了铁甲舰，普通的高爆弹由于弹体强度不够，遇到厚重装甲时自身会解体，即便爆炸，爆炸能量也难以击穿厚重装甲。为了应对铁甲舰，出现了采用淬火的铁制弹头以及特殊钢制弹头的穿甲战斗部，依靠高速和强度来破坏舰船的装甲。之后，又在穿甲战斗部后部安装少量炸药（由于对弹体强度的要求而无法装填很多），使得炮弹能在穿过装甲后在船体内爆炸，提升对船体的破坏效果，这类弹药被称为穿甲爆破弹。

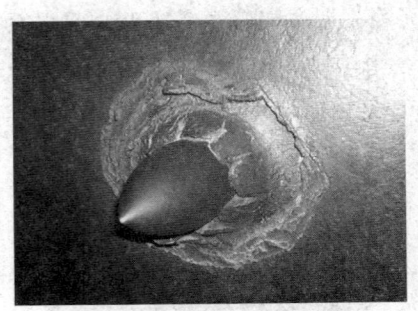

图7.5　穿甲弹的效果

冷知识：黄色炸药和TNT

很多人认为黄色炸药就是指TNT，事实上，黄色炸药的名称来源于最早的炸药之一——苦味酸。在18世纪发明之初，苦味酸实际上是用作黄色染料，19世纪才用作炸药。TNT（三硝基甲苯）则出现于1863年，很多人误认为是诺贝尔的发明，事实上发明者是德国化学家威尔布兰德。TNT是一种性能极好的钝感高能炸药，对压力、温度等都不是很敏感，只能靠雷管引爆，所以安全性极佳，很快就代替了苦味酸成为最常见的军用炸药。直到二战结束，TNT都是综合性能最好的炸药。由于TNT也是黄色粉末，所以黄色炸药的名称就被它继承了下来，TNT也成了计算爆炸能量的标准物质，其它炸药甚至核武器的爆炸能量通常都以等量的TNT来表示。

图7.6　TNT（三硝基甲苯）

4. 炮弹发展史之三——两次世界大战时期（1914~1945）

随着工业技术的发展和战争形式的变化，火炮的打击目标增加了混凝土工事和建筑、移动的装甲目标以及高速的飞行器，火炮的战斗部也逐步衍生出新的成员。

枪炮技术的发展与战例

(1) 穿甲弹

与19世纪相比,世界大战时期的穿甲弹在材质上有着非常大的进步。受益于现代钢铁和合金技术的发展,硬度超高的特殊钢和硬质合金开始被用于穿甲战斗部,一方面,提高了穿甲的能力,另一方面,穿甲爆破战斗部内容纳炸药的空间也更大,对于战列舰这类大型装甲目标有了足够的破坏力。从二战开始,RDX(黑索金,化学名为环三亚甲基三硝胺)开始被用作高能炸药,其爆炸力比TNT有了大幅度提升。尖头战斗部尽管在穿甲时阻力较小,但面对硬化装甲时,战斗部很容易因撞击破碎而失去穿甲能力,因此,很多战斗部使用了钝头设计,以提高与装甲的接触面积,同时配合弹头被帽的角度修正作用,提升了对倾斜装甲的穿甲能力。

发射药筒(左1、2)　　高爆战斗部(左3、4)　　普通穿甲战斗部(右3、4)　　尖头穿甲战斗部(右1、2)

图7.7　世界大战时期的穿甲弹

次口径穿甲弹也在二战后期出现。在二战中后期,德国豹式和虎式坦克的厚重前装甲使得盟军面临着巨大的挑战,几乎

没有一种盟军坦克炮的弹药能在正面击穿其厚重的装甲。提高穿甲能力,需要提高战斗部的初速和减小战斗部的直径(使其变得更快、更锐利)。要提高初速就要增加口径,而口径增加,弹丸穿甲能力又会下降,还会带来弹药携带数量减少以及难以装填的问题。为了以现有坦克炮发射穿甲能力更强的弹药,次口径

图7.8 次口径穿甲弹(右)

脱壳穿甲弹最早为英军使用,其穿甲战斗部的直径大大小于弹体的直径,使之能以较大口径的火炮发射,而穿甲部分又具有较小的直径,其质量和受到的阻力有所减小,穿甲时的速度更大,同时,较小的直径又赋予其更大的穿甲能力。英军部分坦克在战争后期成功地将对虎式坦克的穿甲距离从1 000米提高到了2 000米以上。

在次口径穿甲弹的基础上,战后出现了脱壳尾翼稳定穿甲弹,炮弹由滑膛炮发射,飞出炮管后只有细长的弹芯携带动能继续飞行,与炮管口径匹配的弹托(通常为马鞍形)则在飞出炮口后与弹芯分离不再飞行,这样弹芯能携带更大的动能,获得更大的速度,而细长的弹芯外形又保证了穿甲效果。目前,军事强国主流的坦克炮大都以脱壳尾翼稳定穿甲弹作为主要的反装甲弹药,并以滑膛炮发射(现代滑膛炮不借助膛线依然能确保射击的精度),唯有英国依然在主战坦克上使用线膛炮,所以他们也无法使用有尾翼的穿甲弹。

枪炮技术的发展与战例

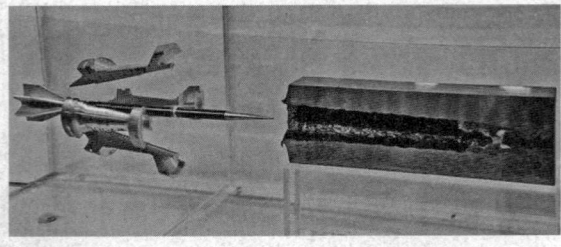

图7.9 脱壳尾翼稳定穿甲弹和其穿深效果展示（图片来自维基百科）

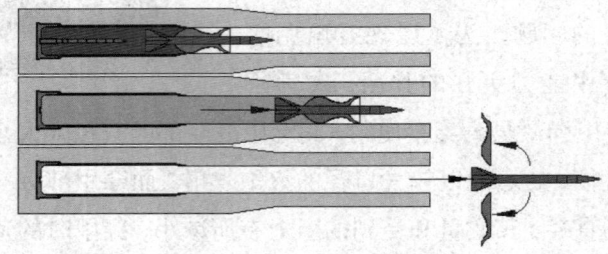

马鞍形弹托用来在炮管内闭气，飞出炮口后脱落，在同样的动能下，减轻了战斗部重量，提高了初速和穿甲效果。

图7.10 脱壳尾翼稳定穿甲弹的发射过程

(2) 破甲弹

空心装药技术也出现在二战时期。初速不高的弹药很难对厚重的装甲形成威胁，而空心装药技术将炸药爆炸的"门罗效应"（见下面的"冷知识"）放大，不需要高速就可以产生高温高速的金属射流来击穿装甲，而且灼热的金属射流还能对装甲车辆内部进行二次破坏，所以这种破甲弹很快就成了从火炮到步兵榴弹发射器的标准弹药之一。而战后出现的反坦克导弹，由于难以达到火炮发射的极高速度，绝大多数也都采用了空心装药的破甲战斗部。

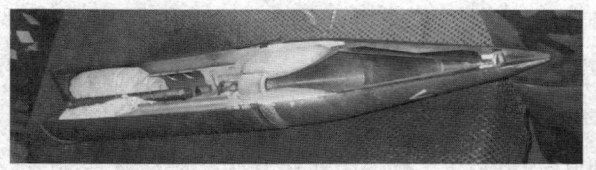

炸药装在锥形金属药罩的后部，爆炸后，借助"门罗效应"将药罩的金属融化，形成极高速度的金属射流来击穿装甲。

图7.11　空心装药聚能破甲战斗部

图7.12　被破甲弹打击后的装甲

冷知识："门罗效应"和空心装药技术

最早发现"门罗效应"是源于一个有趣的现象：在炸药上刻字之后，刻字面和金属板结合在一起，起爆后金属板上会出现炸药上刻的字迹。1888年，美国人查尔斯·门罗在深入研究之后，发现高温高压下爆炸产物是沿着炸药表面的法线方向飞散的，这就是著名的"门罗效应"。空心装药技术就是对门罗效应的放大：金属的锥形药罩在其后部炸药爆炸后，金属射流会沿着锥体中心线高速喷射。锥头部分的金属流速高，锥体底部的流速低，金属射流在前进过程中会被拉长，最后断裂。

枪炮技术的发展与战例

断裂前的金属射流穿透能力最强,所以需要对起爆点和装甲间的距离(炸高)有准确的控制,炸高太低会导致金属射流无法形成而失去破甲能力。大锥角(>120°)药罩的射流速度较慢,为5 000~9 000米/秒,但炸高较低,对精度控制要求不高,适于对付装甲较薄的目标;小锥角(90°~60°)药罩的射流速度高,可以达到9 000~11 000米/秒,但炸高需要大一些,对精度控制有较高要求,一般用于重装甲目标;倒喇叭形药罩的射流速度最高,可以达到18 000~21 000米/秒,但加工较困难,因此用得较少。药罩一般使用铜质,因为铜的密度大,而且容易流动,延展性好,射流不易断裂,成本也可以接受。

图7.13　高速金属射流的形成示意图

如果细心观察,你会注意到很多现代坦克在炮塔两侧都装有格栅,它的主要作用就是阻隔破甲战斗部,延长其爆炸时距离装甲的距离,从而使金属射流断裂或失去足够的速度,以削弱其穿透力(当然格栅内还能放置很多修理工具等物品)。

图7.14　坦克的格栅

(3)高爆弹和榴霰弹

一战、二战时期的高爆弹和榴霰弹与19世纪末期的高爆弹和榴霰弹在结构和主要用途上没有本质的差异,主要区别在于:一是使用了更薄的钢制弹体,有更多的空间容纳炸药和破片;二是开始采用能量更大的高能炸药,如RDX(黑索金)等,使得其爆炸威力得到了巨大的提高;三是配合了更好的引信,除了常用的触发引信和延时引信,无线电近炸引信在二战后期开始用于榴霰弹,最早在阿登森林的"突出部之战"中使用,使得炮弹在接近地面时爆炸,由于爆炸能量不会因炮弹埋入地面之下而损失,爆炸威力成倍增加,是"突出部之战"胜利的关键因素之一。

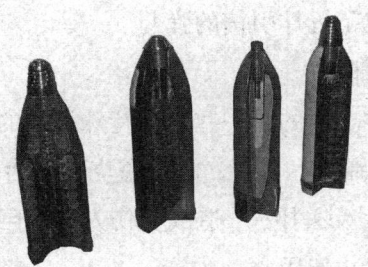

图7.15 世界大战时期的高爆弹和榴霰弹

(4)防空火炮战斗部

一战、二战期间,飞机开始出现在战场上并发挥了极大的作用,而直到二战结束,地面防空主要都依赖火炮,飞行目标速度快、目标小、防护弱的特点催生了专门的防空火炮的弹药。由于防空火炮需要用较高的射速来弥补较低的命中率,所以防空火炮的弹药都是固定装药以提高射速;不仅如此,还经常采

用弹链或弹匣提高供弹速度。小口径火炮由于尺寸限制，不大可能使用预制破片，主要靠密集的弹幕以及击中目标后的爆炸或燃烧来提高破坏力；而中、大口径火炮弹药则靠时间引信控制爆炸高度，在一个区域里产生大量的预制破片来提升对飞行目标的杀伤力。时间引信在战场上调整困难，而且当时也很难准确判断敌机高度。高射炮一般配备专门的引信装定机，以根据敌机大致的飞行高度来快速装定时间引信。显然，这样的方式很难满足防空的需求，所以地面防空一直效率不高，也因此使无线电近炸引信成了二战最重要的发明之一：它能使得战斗部在接近战机时爆炸，效率大幅度提高。对无线电近炸引信，美军为了防止泄密，在参战初期甚至不允许在目标周围有陆地的环境中使用装配了近炸引信的弹药。

（5）特种战斗部

特种战斗部主要指的是一些达成特殊目的的弹药，如烟幕弹、燃烧弹、照明弹等。其中，白磷燃烧弹因为白磷会在人体组织内持续燃烧而无法扑灭，造成受伤人员的巨大痛苦，目前已经被国际公约禁止使用。

5. 炮弹发展史之四——二战之后（1945年至今）

二战后的冷战和信息时代，火炮弹药又朝着高能、高效、高精度和智能化的方向发展，特点有三：一是集束式战斗部和温压战斗部的发明，二是末制导和末敏感技术得以应用，三是核炮弹以及化学武器战斗部的出现。

(1)集束战斗部和温压战斗部

集束战斗部有时也被称为子母弹。随着高爆炸药的发展,少量炸药就可以产生巨大的爆破威力,将大量炸药集中引爆并不能等比例地提高爆炸威力,而将炸药分别包装散布后引爆,则能大大提升爆炸威力和杀伤范围,这样的想法导致了集束战斗部的出现。

集束战斗部的发射药没有太大的变化,可以用火炮发射,也可以用飞机投放。其战斗部又由多个独立的子战斗部组成,通常是高爆炸药结合预制破片,同时,母战斗部内有布撒设施,能在飞行中机械布撒子战斗部或在目标上空通过炸药爆炸来布撒子战斗部。每个子战斗部都有独立的引信,可以多种引信混合使用,常用的为触发、近炸、延时等引信。集束战斗部可用于打击大面积目标,如集结的人员和设备、机场跑道等基础设施以及集群装甲目标。

集束战斗部主要依靠子战斗部取得杀伤作用。通过母战斗部合理地布撒子战斗部,并使用合理方式引爆,能提升战斗部的杀伤能力。例如针对人员,散布的战斗部同时或短时间内依次引爆能造成比普通炸弹大得多的杀伤范围,而对付机场跑道的集束战斗部中会混合一些使用延时引信的子战斗部,它们的存在能阻止工程人员对被破坏跑道的维修工作。集束战斗部是二战之后火炮弹药(也包括航空弹药)的重要发展,但是,由于其对人员尤其是非战斗人员的杀伤力太大,所以针对人员的集束战斗部的使用受到了国际公约的严格约束。

图7.16 集束战斗部（子母弹）

温压战斗部是通过在连续空间内制造可燃气体爆炸的方式来杀伤爆炸空间内的人员。可燃气体在空气中的浓度处于一个特定范围内时在明火引燃下就会发生爆炸（比如煤气爆炸），爆炸产生的高温、冲击波和缺氧都会对人员形成杀伤效果。与普通高爆战斗部不需要氧气即可爆炸不同的是，温压战斗部需要其携带的燃料与空气中的氧气反应才能起爆。火炮的温压战斗部通常由普通火炮或火箭炮发射，单兵的温压弹甚至可以靠压缩空气发射。温压战斗部内携带可迅速挥发扩散的燃料及其扩散装置以及部分高能炸药粉末。采用可二次引爆的电子或机械延时引信，主要用于杀伤密闭空间（建筑物或洞穴）内的目标或大面积范围内的人员和装备。

温压战斗部采用两次引爆的方式，第一次引爆仅仅是释放和扩散燃料和炸药微粒，第二次引爆则引爆空气中可燃物浓度处于爆炸下限和上限之间的整个空间内的可燃物。由于温压战斗部不需要携带氧化剂，所以同样质量下比炸药的能量可以高出50%，同时其爆炸覆盖范围随可燃物气溶胶扩散范围而

七、炮弹小记

图7.17 温压弹的巨大威力

定,杀伤范围大。其杀伤力在连续空间内不受复杂的空间结构的阻隔,加之爆炸后还能形成局部缺氧的环境,所以杀伤力惊人,而且爆炸范围内的人员非常难以防范(卧倒、躲避等方法都没有效果)。

冷知识:温压弹与云爆弹的区别

温压弹和云爆弹的机理基本相同。云爆弹只是简单地在空间中散布可燃气体,继而引燃可燃气体来引起爆炸。美军为了提升在越南战场上对洞穴和地道中北方军队的打击能力,在之前云爆弹的基础上,在战斗部中又加入了易燃金属粉末和高能炸药的颗粒粉末,使之能和燃料气溶胶颗粒一起散布在空气中,提升了二次引爆后的爆炸威力,这就是温压弹,所以可以说温压弹是云爆弹的"升级版本"。

(2)末制导和末敏感技术

末制导和末敏感技术都是在冷战时期开发的技术。末制导是特别针对火炮开发的技术，由于导弹使用全程制导方式，因此整个弹道都需要受控，价格昂贵，而人们发现实际上不需要全程控制弹道，而只需在末端精确制导，前段可以使用火炮发射这种廉价的方式把战斗部投放到目标附近。美国在20世纪末开发了"铜斑蛇"末制导炮弹，其在发射到目标上空后，能接受地面激光束的引导，通过弹翼控制改变自身的弹道，精确地飞向目标。这种末制导技术能大大提升火炮的射击精度，同时又将成本控制在合理范围之内。之后，除了炮弹，大量的航空炸弹也被改装为末制导的"灵巧"炸弹，在后来的海湾战争和伊拉克战争中大显身手。

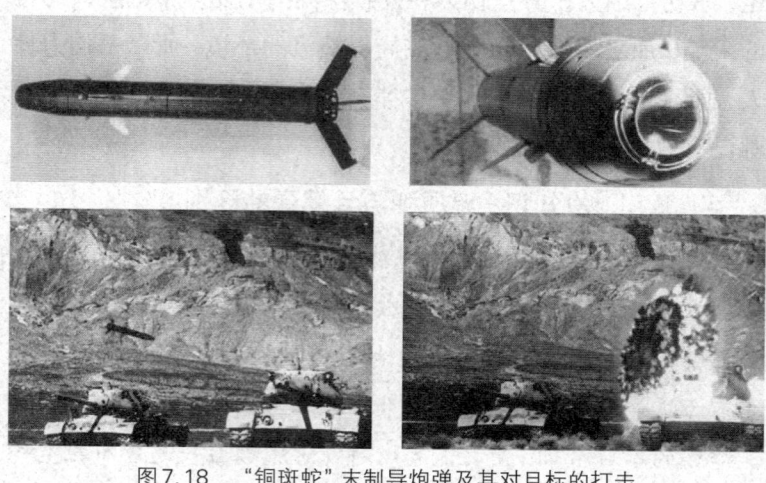

图7.18 "铜斑蛇"末制导炮弹及其对目标的打击

末敏感弹药和末制导弹药差不多同一时间出现。末敏感技术不要求弹药改变行进方向，只是在末端接收到目标信息后使其战斗部朝向目标爆炸，因此，末敏感弹药结构简单，成本优势更明显。其信号接收器通常为红外探测器、电子辐射计和毫米波雷达等,采用几种末敏感方式的复合末敏感技术可以使得弹药的抗干扰能力更强。末敏感弹药控制爆炸方向的方式有的使用定时引爆,有的使用抛洒子战斗部的方式。末敏感弹药最常见的应用是对坦克顶部装甲实施攻击,由于坦克顶部装甲较薄,攻击坦克顶部装甲的毁伤效果较好。末敏感炮弹在飞行过程中探测到坦克的红外信号或雷达信号时感应到坦克的位置,在飞行到坦克炮塔顶部时爆炸,使用破片或释放子战斗部攻击坦克的顶部装甲。末敏感弹药不仅成本低、精度高,其毁伤效果更好。

图7.19　末敏感弹药侦测到附近的目标后起爆(图片来自维基百科)

美军在海湾战争中曾经使用飞机投放了一枚带有末敏感子战斗部的集束弹药。当时,美军一小队海军陆战队士兵遭遇了一支包括数十辆坦克、三百多名士兵的伊拉克军队,海军陆战队士兵用无线电呼叫附近的飞机施放了一枚JSOW联合防区外武器,母弹由飞机施放,飞行到目标上空后用降落伞洒布攻击坦克顶部装甲的子战斗部,一次攻击就击毁十几辆坦克,并导致跟在后面的坦克和步兵向美军投降。该武器一次打击

枪炮技术的发展与战例

的覆盖范围可达2~3个足球场大,还曾被用于攻击"飞毛腿"导弹发射阵地。由此可见,末敏感弹药是一种成本优势明显,同时打击精度高、威力大的高性价比武器。

(3) 核炮弹和化学武器战斗部

美国在20世纪50年代末研制过核炮弹,使用炮射方法发射当量在百吨至万吨级的战术核武器。1953年,美国曾使用280毫米榴弹炮试射了一枚1万5千吨当量的核炮弹,射程22.5千米。这也是世界上有公开记录的唯一一次炮射核武器试验。20世纪50年代末期,美国陆军的203毫米与240毫米榴弹炮都可以发射相应的Mk33和Mk32型核炮弹,海军的"衣阿华"级战列舰16英寸(406毫米)主炮也能发射406毫米的Mk23型核炮弹。这些核炮弹都配有安全装置和指令失效装置,以防止未经批准被使用,或在可使用的情况下被恐怖分子窃取。有记录表明,可发射核炮弹的280毫米榴弹炮曾部署在金门、马祖地区,用于针对中国的核威慑。同一时期,苏联也装备了可以发射核炮弹的152毫米榴弹炮和自行火炮。

图7.20 美国W48型核炮弹

七、炮弹小记

化学武器战斗部也曾出现在火炮的弹药中。在火炮弹药中使用化学战剂的实际困难很大，主要是因为化学武器的安全储存和运输极其复杂，同时，炮弹出膛时瞬间加速度和承受的应力都非常大，很难保证战斗部弹体不出现破裂而导致战剂在己方附近泄漏。美国在20世纪80年代开发了二元化学武器系统，把两种无毒的化学试剂分隔储存或装填，在发射后到达目标前的时间里混合完毕形成具备杀伤力的化学战剂。这样，平时化学武器储存和运输的安全可靠性就能大大提高，当然，这在某种程度上也降低了化学武器使用的门槛。由于化学武器的开发和使用都受到了国际公约的严格限制，二元化学武器炮弹最终并未公开进入美军现役。

相比火炮，炮弹的技术进步和发展步伐似乎更快一些，新一代的发射药以及弹体材料、炸药、杀伤/破坏方式乃至引信和制导手段的革新都有可能催生更加新式的弹药。最近的数十年，随着导弹技术的发展，在火炮的作用有所削弱的情况下，正是由于弹药科技的发展，使得火炮的作用依然无法替代，甚至依然在一些地区性武装冲突中充当着主角。

八、闲话引信

在火炮弹药（也包括部分枪械弹药）中引信是一个非常关键的组成部分，使用炸药的战斗部必须依靠引信来引爆炸药（当然实心战斗部是不需要引信的）。引信的分类方式很多，也不只用于火炮弹药中，篇幅所限，我们回溯历史，集中介绍几种最常见的火炮弹药中使用的引信：时间引信、触发引信和近炸引信。

图8.1 炮弹及其引信

1. 引信的发展

（1）最早的时间引信——导火索

导火索的作用不仅仅是在敌阵中引爆黑火药，也要确保弹丸不在炮膛中就发生爆炸。这看似只需要控制导火索的燃烧时间就行，但这也不是容易的事，受潮、磨损、暴晒等都会降低导火索的可靠性，同时，导火索需要用明火引燃，在战场上操作烦琐，危险性大并且受天气影响。

图8.2　导火索示意图

（2）早期的触发引信

触发引信是通过战斗部与目标或行进路线上的障碍物接触而引爆的引信。最初的触发引信通常采取摩擦发火或撞击引燃火药的方式，据说欧洲最早的触发引信出现在1835年，但结构已经无法考证。触发引信的出现主要还是拜线膛炮所赐，使用线膛炮发射圆柱＋圆锥形的弹丸使得战斗部的方向性有了稳定的保证，触发引信才能发挥其作用。

（3）触发引信的发展

19世纪后期，安全炸药的出现和雷汞引爆药（雷管）的发明，极大地推动了引信技术的发展，安全引信开始出现，形成了按钝感排序逐级引爆的方式，即在机械引信的前端使用敏感度高的引爆药,之后引发引信后端的敏感度稍低的起爆药(也常被称为"火帽",firing cap),最后引爆钝感最高的高能炸药,配合专门设计的保险装置,这样的设计能大大提高弹药在存储、运输中的安全性。其实,机械触发引信的技术要求远比大家想象的要高,既需要承受炮弹运动时巨大的过载和高温,还要保证在平时存储、运输中

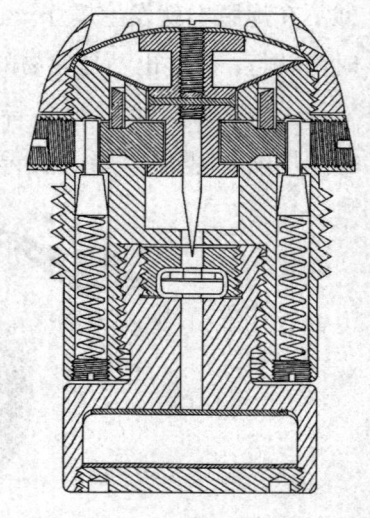

图8.3 触发引信设计图

的安全,发射后又需要具备非常高的可靠性,避免提前引爆或哑火。机械触发引信几乎代表了那个时代最高的机械设计加工水平。

(4)时间引信的发展

同样在19世纪末期,精确的钟表开始出现,类似钟表的计时装置被用于设计时间引信,时间引信的精度和可靠性比导火索有了巨大的提高。由于机械计时装置可以方便地调整,因此时间引信在战场上迅速得到应用,如通过对引爆时间的控制,防空炮火能设定精确的炸高来对在特定高度飞行的飞机进行杀伤。时间引信和触发引信结合还发展出了可靠的延时引信,由触发引信启动时间引信,之后由时间引信来控制延时引爆,这类引信对建筑物内目标的破坏力有了巨大的提高。

八、闲话引信

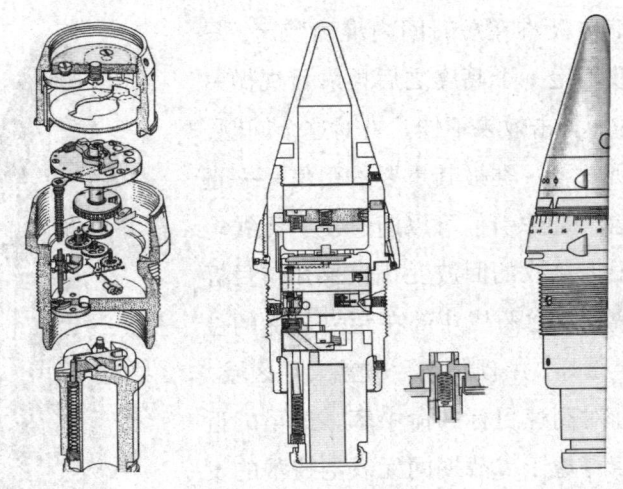

图8.4 时间引信设计图

图中高射炮炮手后面的机器就是用来装定时间引信的装置,显然这种手动方式对付高速飞行的飞机是难以奏效的。

图8.5 装定时间引信的装置

(5)近炸引信的出现

从二战时期开始,大量速度极高的飞机出现在战场上,弹药战斗部很难准确击中飞机,而且飞机高度难以事先确定,时间引信也极难在短时间内准确装定，只能大致确定一个高度之后再靠目视做一些调整，打击效果不佳。针对这个问题，美军研发了一类极其重要的引信——近炸引信。近炸引信可以通过发射无线电波再根据接收的回波变化来感知与目标的距离，使弹药战斗部在距离最优的位置发生爆炸，用预制破片覆盖大片区域，以提高对高速目标的命中率。最早的近炸引信得益于二战期间无线电技术的发展，简易的无线电测距装置可以小到能装进弹丸中，使用电雷管引爆战斗部，对飞行目标的杀伤效率大幅度提高。二战后期，这种引信开始被用于普通炮弹中。

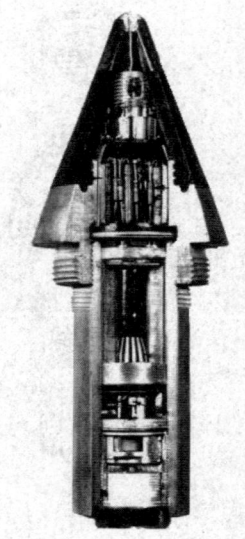

图8.6　Mark 53无线电近炸引信

　　二战初期，美军其实已经装备了无线电近炸引信的防空弹药，但为了防止泄密，这类弹药只允许在水域上空使用，所以主要用于海军舰艇的防空，即使如此也对日军飞机造成了巨大的杀伤。到了战争后期，在欧洲西线战场的"突出部之战"中，由于德军突然反攻，而天气又阻碍了美军的空中支援，盟军陷入被动，使得近炸引信第一次被用于陆军的火炮弹药。之前使用触发引信和时间引信的炮弹都是在地面爆炸，很大部分的爆炸能量和破片被地面吸收，杀伤力大打折扣，而近炸引信能控制炮弹在距离地面数米的高度爆炸，杀伤范围成倍增加，德军在炮火打击下损失惨重，再也无力发动反击。无线电近炸引信被不少人认为是二战中最重要的四项武器发明之一(其它三项分别是原子弹、C-47运输机和小型登陆艇)。

冷知识：近炸引信和多普勒效应

近炸引信的原理是利用无线电测距技术来引爆战斗部，这里利用了一个物理现象，称为多普勒效应。大家可能有这样的经验：在两列火车相向错车时，你能听到火车的鸣笛声突然频率提高，错车后鸣笛声又会突然变为频率降低，这是因为运动的效应叠加在声波上，使得人耳接收的声波频率发生变化（快速靠近时显示为频率升高，远离时则显示为频率降低）。只要在引信中安装一个接收器，一旦接收器收到的回波发生频率的剧烈升高，就可以认为在快速接近目标，引爆时机临近，在回波从频率升高转换为频率降低的瞬间，即是战斗部距离目标最近的位置，此时引爆效果最好。近炸引信是一种非常重要的引信，技术完善后在很多导弹中也有使用。无线电近炸引信的原理之后也被应用到其它技术领域，如导弹中常用的光电近炸引信和红外近炸引信。

2. 现在的触发、延时和近炸引信

科技的发展使得战场上的目标变得更加难以打击，同时也促进了引信科技的发展。尽管目前的火炮弹药引信仍以时间、触发和近炸引信为主流，但其技术水平已经远不是二战期间可以相比的。现代军事打击要求的精确程度已经远超二战时期，如前面第七部分所述的聚能破甲战斗部，对引爆时装药与装甲的距离有严格的要求,距离太远金属射流会被拉断失去破甲能力,距离太近射流还未形成穿透力;同时,由于反应装甲的出现,有些引信需要先引爆反应装甲,再侵彻主装甲,这样对引爆时间的控制要求达到了毫秒级别,需要非常精确可靠的引信技术作为基础。

"陶"式反坦克导弹头部带有引爆反应装甲的复合战斗部,需要非常精确的引爆时间控制来确保主战斗部在距离主装甲最合适的距离爆炸。

图8.7 "陶"式反坦克导弹

尽管最早的机械引信仍在大量使用,但更精确、重量和体积更小的电子引信也大量用于火炮弹药,比如电子计时装置在精度以及重量和体积上都优于机械计时装置,并且可以遥控装定。而弹道计算机的普遍应用,使得引信成了一个信息终端,可以迅速接受计算机指令控制战斗部的引爆,以达到最佳效果。除了最初的无线电测距技术,最新的红外、激光、光学技术配合微型计算机控制的起爆系统已经是精确打击的重要保证,同时,复合引信已经成了提升打击火力有效性的重要手段。下面介绍三种引信实例。

"BM-21"触发/近炸复合引信:质量仅250克,具备近炸/触发双重功能。炮弹离开炮口300米后自动解除机械保险,飞行18秒后解除电子保险,在距离目标 5~8 米处引爆战斗部;同时,触发引信作为备份引信,如没能实现近炸,触发引信仍能最后引爆战斗部。

可编程电子时间弹底引信:用于瑞士的 Sky-shield 35 毫米高炮的集束战斗部(子母弹)。炮管中有测速线圈,每颗弹丸的初速都被精确测得,并在炮载计算机上计算到达某个目标的准确

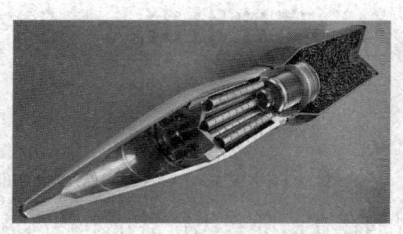

图8.8　使用了复合引信的35毫米高炮定向集束战斗部

时间,对其弹底的引信开始编程,在确定的时间爆炸,抛出上百枚预制的钨合金子弹。由于可以在发射后编程控制,所有的炮弹可以在一个平面爆炸,在目标的运动方向上形成一个弹幕,这类引信与集束战斗部结合使中小口径防空火炮的打击能力上了一个台阶。

GPS引信:装有 GPS 全球定位系统的引信,常用于试射炮弹。由于战场的干扰因素很多,弹道需要修正才能保证准确性。GPS 引信可以通过试射炮弹传回的 GPS 信号,帮助弹道计算机迅速计算修正值,调整弹道或起爆时间等射击诸元。

引信技术不仅用于火炮弹药,也用于导弹、航空炸弹、鱼雷、地雷甚至手榴弹和枪榴弹等几乎所有具备爆炸战斗部的武器。引信虽小,却是现代武器中不可缺少的高科技元素。

九、高速射击——航空机炮

在目前全球各式枪炮的主流产品中,航空机炮是一类特别的存在。随着飞行器技术的高速提升,作战方式已经发生了翻天覆地的变化,然而,航空机炮作为历史最悠久的机载武器,现在依然起着举足轻重的作用。

1. 机炮的出现和发展

飞机从诞生开始,就以其飞行速度占据了战场上巨大的优势,而要击落高速飞行的飞机或在高速飞行中射击其它目标,精确瞄准是非常困难的,因此,需要用射速来弥补精确度的不足。所以对机载武器来说,一开始就对射速有很高的要求。

图9.1 早期的机载机枪

九、高速射击——航空机炮

最初的飞机载重小,结构强度也低,本身既无法携带太重的武器,也不必靠大口径弹药来破坏,所以最初的飞机基本都是配置机枪(地面防空也以高射机枪为主)。

二战时期,随着飞机技术的发展,飞机载重量提高,使得工程师能将口径更大的速射武器搬上飞机。最初是轰炸机的自卫武器中出现了口径20毫米以上的机炮,之后在东线战场上,德军的俯冲轰炸机为了对付苏军装甲结实的坦克,也开始装备大口径机炮。装备了2门37毫米机炮的斯图卡式俯冲轰炸机(被称为"大炮鸟"),对苏联坦克有着致命的威胁,德国著名的"大炮鸟"飞行员乌尔里希·汉斯·鲁德尔曾驾驶他的斯图卡式轰炸机击毁过近600辆坦克。而在西线,为了对付美军的轰炸机群,德国空军也在战机上配置了大口径的机炮,以提升对美国B-17等轰炸机的杀伤力。

图9.2 B-17"空中堡垒"轰炸机上各个炮塔的火力覆盖角度

二战后,由于喷气式飞机的出现,对空战武器提出了更高的要求。一方面,飞机的速度更快,交战时相互间距离更远,对武器的射程、精度要求进一步提高;另一方面,飞机速度的大幅度提升使开火时机非常短,瞄准更加困难,所以需要更高射速的武器。在朝鲜战争中,F-86"佩刀"式战斗机与米格-15进行空战,在飞机性能上,F-86占据一定的优势,其机载武器是藏在机头的六挺机枪,精度高,备弹量大,射速也高,但口径只有12.7毫米,尽管火力密度占优势,但对敌方飞机的破坏力有限,能有效命中但毁伤率不理想,很多飞行员抱怨打光了子弹却只能眼睁睁地看着米格-15在眼前逃脱;相反,米格-15配备了一门37毫米机炮,安装在机腹,两门27毫米机炮,安装在两侧机翼上,尽管精度欠佳,据飞行员反映,超过300米就很难确保命中率,而且由于炮弹重量大,米格-15的载弹量只有区区200发,可是一旦击中F-86,其破坏力巨大,一发37毫米炮弹就能将F-86的机身斩断。米格-15虽然在续航、载重、操控性等指标上都弱于F-86,但机体小,速度快,爬升性能优异,转弯灵活,更容易在空战中占据有利位置或摆脱对方追击,同时凭借着其37毫米机炮的强劲火力,在朝鲜上空还是与装备了先进的射击瞄准雷达的F-86战得不相上下。航空机炮的作用在这场战争中凸显了出来,虽然其在空战中的射击精度依然难以令人满意。

米格-15的三门机炮位于机腹(左),F-86的六挺机枪则位于机头两侧(右)。

图9.3　米格-15和F-86战斗机

2. 现在的机炮

朝鲜战争之后，随着第二代高速战斗机的出现，飞行员的开火时间窗口越来越短，普通往复式的速射武器已经难以在高速的空战中击中对方的飞机，大家只得以更高的射速来弥补精度的欠缺，这方面，欧洲、苏联和美国各自走了不同的道路。

（1）转管机炮

美国这时从一种古老的武器中获得了灵感，这就是18世纪60年代出现的加特林机枪。二战末期，美国开展了名为"火神"的计划，根据加特林机枪的原理，发展了转管机炮，它将多根炮管固定在一起，用电机带动旋转射击，当一根炮管在射击时，其它炮管能有时间完成抽壳、装填等流程，这样能把射速从每分钟900发左右提升到6 000发左右。转管炮各个炮管单独运作，一根炮管射击时其它炮管都在冷却，所以炮管寿命很长；同时，一根炮管出现故障也不会影响其它炮管正常工作，射速调整也只需简单调节电机转速即可；因为每个射击瞬间只有一根炮管在同一个位置发射，所以它和单管炮一样，不必考虑其它多管机炮安装时的后坐力不平衡的问题，而且数根炮管结合在一起，刚性更高，炮管和炮架的振动都更小，射弹散布也相应减小。加特林机炮在射速和精度上，无疑是目前各类速射武器中最好的。美军的"火神"机炮后来发展了多个口径的版本，战斗机通常携带20毫米机炮吊舱，用来在空战中打击600米内的飞机；对地攻击机则使用30毫米的机炮，用以破坏装甲目标；直升机多携带7.62毫米或12.7毫米的机炮，用

枪炮技术的发展与战例

图9.4　最早的加特林机枪及其发明者加特林

于对人员的杀伤；20毫米的"火神"机炮还是海军舰载"密集阵"近距离防空系统的标准配置。加特林机枪在100多年后重新成为战场大杀器，恐怕是加特林本人没有想到的。后面第3部分将把A–10攻击机和它传奇的GAU–8"火神"30毫米机炮作为一个实例专门介绍。

小八卦：加特林机枪和加特林

可以连续自动发射弹药的自动枪械最早起源于多管的加特林机枪，该型武器研发于19世纪60年代美国内战期间。由于当时的机械加工技术的局限，以及金属弹药技术尚未成熟，其经常在射击中卡壳，在战争期间没有大规模装备部队，只有北军的巴特勒将军私人购买了12挺用于围攻匹兹堡的战役，结果取得了惊人的杀伤效果，自动武器的巨大威力由此展示在世人面前。由于加特林机枪采用手摇发射，本质上还不能算第一种用于实战的全自动武器，这顶桂冠依然属于本书第五部分介绍过的大名鼎鼎的马克沁重机枪。

九、高速射击——航空机炮

加特林机枪的发明人是发明家理查德·乔丹·加特林。他生于1818年，21岁时就独立发明了螺旋桨（仅在约翰·埃里克森申请专利后一个月），之后，他发明了谷物播种机和配套使用的耕种机械，大大提升了美国农业生产效率。尽管现在加特林以加特林机枪而闻名，事实上他还发明了很多用于卫生间、自行车、木材加工厂等的机械装置，并在1891担任了"美国发明家和制造商协会"第一任主席。美国海军二战期间的一艘驱逐舰曾以加特林的名字命名。

目前，中国也能设计制造转管速射机炮。尽管我国之前的航炮系统师承苏联的多联装炮管方式，但近年来转管机炮发展迅速。目前最著名的产品就是许多人熟悉的"1130"近防系统，其中"11"代表11根炮管，"30"代表30毫米口径，据说该系统射速能达到1万发/分钟，能有效对付低空高速来袭的导弹和飞行器。另外，在一些武器展览上，也能看到国产的无人遥控武器站上配备了国产六管小口径转管机枪。

图9.5 国产"1130"近防武器系统

加特林机炮也不是没有缺点，一是其结构复杂，需要外接电机带动，对供弹的要求很高，弹药间不通过弹链连接，而是紧挨着沿供弹通道滚动，一个供弹通道要确保六根炮管的供弹，对处于狭小空间的机载武器而言是极具挑战的；二是其重量很大，转向不够灵活，所以安装在专用武装直升机头部的需要快速大幅度转向的机炮仍然更多使用单管链式机炮，加特林机炮更多用于使用机身来瞄准的战斗机；三是整个系统价格昂贵，维护保养难度也很高，由于射速极高，所以其弹药消耗惊人，没有一定的技术和经济实力很难支撑大规模的列装。

（2）多联装炮管机炮

相比美国，苏联则更多地使用多联装炮管协同的方式来提升射速。这种想法来源于二战时期的加斯特机炮，一般采用双联装炮管的方式。和一般的往复式自动原理不同的是，它利用一根炮管射击时产生的后坐力来推动另一根炮管完成抽壳、上弹、击发的往复运动，两根炮管联合运动，能有效将射速提高到3 000发/分钟，而且这类机炮的重量相对较轻，结构简单、紧凑，便于维护。苏联在20世纪60年代研制出了Gsh-23和Gsh-30两种口径分别为23毫米和30毫米的机炮装备战斗机，我国的战机也大量装备了基于这两型机炮的国产产品。

图9.6　Gsh-23机炮

（3）转膛机炮

欧洲在航炮上更多采用了转膛单管炮的形式。与转管炮相比，转膛炮只有一根炮管，但有多个炮膛成圆周排列（类似

九、高速射击——航空机炮

图9.7 法国"阵风"战斗机装备的 GIAT 30M 791 转膛机炮

转轮手枪的设计),一个炮膛在射击时其它炮膛能完成抽壳和装弹的动作,通过炮膛旋转的方式达到速射的目的。转膛炮虽然不如转管炮的射速高,但达到最高射速的时间短,而转管炮一秒钟后才能达到最高射速的70%,而且需要很高的备弹量。欧洲"阵风"战斗机装备的 GIAT 30M 791 转膛机炮,一次0.5秒的射击大概消耗21发炮弹,只需125发备弹,可射击6次;而美国 F/A-18 战斗机装备的 M61-A2 转管机炮,一次射击就要消耗100发左右的弹药,需要备弹570发。

航空机炮需要考虑两个重要的特殊细节——供弹和抛壳。如果把机炮设置在机身上方,考虑到飞机射击时的不同姿态,抛出的弹壳和弹链很可能会砸坏机身;如果放在机腹,则会影响飞机的外挂能力。所以,现在最新的航炮很多都采用无弹链供弹,而且弹壳不抛出机外。

在导弹出现后,曾有一段时间有理论认为飞机不再需要加挂机炮,空战在视距外就能解决。美国的 F-4"鬼怪"式第二代喷气战斗机的早期型号就没有配备机炮，只挂载了当时最新型但可靠性欠佳的"响尾蛇"空对空导弹，结果在越南战争中被配备了机炮的苏联新型的米格-21战斗机欺负得狼狈不堪，稍后的F-4机型开始加挂了"火神"机炮吊舱，才逐渐扭转了被动挨打的局面。即使到了今天，空对空导弹性能绝佳的时代，空战中也存在着导弹的射击死角，600米之内的目标依然需要依靠机炮来解决。未来的隐身战斗机之间的空战，由于难以在远距离相互发现，机炮的地位很可能还会变得更加重要。

3. 实例：A-10攻击机和它传奇的GAU-8"火神"30毫米机炮

A-10攻击机在美军中被称为"疣猪"，原因是因为很多人认为它外形丑陋，事实上，A-10是美军官兵最喜欢的武器之一。笔者曾有机会和一位前美国空军飞行员聊起A-10，他说A-10"make things done"，所以广受军人的欢迎，一看到A-10，地面部队就有了信心，这从一个角度说明了这款战机的优越性。A-10战机基本上就是围绕着其所装备的GAU-8转管机炮设计的，该炮空重280千克，配上弹药和装填系统达到了1 828千克，相当于整个飞机整备质量的16%。其全长达到6米，结构由机头延伸到飞行员座舱下面，可以说，飞行员就是骑着这门机炮在飞行。为了便于瞄准，GAU-8机炮被尽量安装在靠近飞机中轴线的位置上，使得前起落架不得不从中间移到飞机轴线的左侧，这也是A-10的一个独一无二的特

九、高速射击——航空机炮

色。尽管A-10还能搭载很多其它武器，但这门30毫米机炮才是A-10最重要的武器。在导弹满天飞，超视距作战理论大流行的今天，A-10仍然主要依靠目视发现目标，然后用机身瞄准目标俯冲射击，这种在二战中发展起来的战术动作，在海湾战争和伊拉克战争中对敌军装甲目标达到了非常出色的杀伤效果。可见，时至今日，火炮的重要地位依旧难以替代。

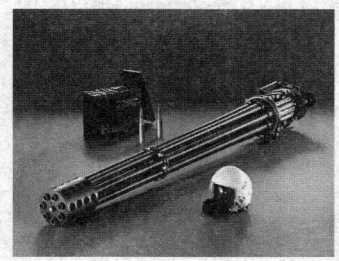

图9.8　GAU-8七管30毫米转管机炮

　　GAU-8七管30毫米机炮的主要用途就是反装甲，借助其超过1 000米/秒的初速，加上飞机俯冲和地球引力增加的速度，携带了巨大动能的贫铀穿甲弹能近距离击穿几乎所有现役坦克的正面装甲。由于A-10居高临下，更能够攻击坦克薄弱的顶部装甲，对坦克装甲车辆的威胁非常大。GAU-8的弹药设计也很特别，为了减轻重量，用铝合金替代了铜和钢制作弹壳，有效地增加了带弹量；同时为了达到最佳的破坏效果，A-10战机还将穿甲燃烧弹和高爆燃烧弹按4∶1的比例携带。

 枪炮技术的发展与战例

借助GAU-8机炮，A-10成了战争中最令地面部队安心的武器之一，这款原本不被看好的飞机也一再延长服役期，至今依然是美国空军和国民警卫队重要的组成部分。

关于这门机炮，还有个小故事：因为其发射造成的烟雾很容易被安装在机体后部的两台巨大的发动机吸入而引起喘震甚至空中停车，美国军方想方设法采用各种导流板设计，试图将发射烟雾引导到飞机的腹部，为此甚至不惜改动飞机的气动外形，至少出现过三种不同的型号。如此大费周折以适应一门火炮的使用是不是也说明了这门火炮的独特价值？只是所有这些努力都效果不佳，烟雾问题还是只能依靠改善炮弹的发射药配方来解决。

十、弹道学和精确射击

精确射击一直是军人梦寐以求的技能。事实上,在历次战争中,大量的弹药都被浪费了,能够真正实现精确打击的枪炮(身管武器)和射手寥寥无几。似乎能否精确射击和天赋有关,就是说单靠苦练未必能在精确射击上有所成就。这一部分我们就来看看为什么精确射击那么难,如何提升枪炮的射击精确性。

1. 弹道学基础

弹道学是一门专门研究弹丸运动过程的学科。现代弹道学经过了近200年的发展,已经发展得相当完善。借助弹道学的研究,枪炮(身管武器)和弹药都能够进行最大幅度的优化设计,使得我们逐步接近"百发百中"的梦想。

弹道学又按弹丸的行程分为内弹道学、外弹道学和终端弹道学。顾名思义,内弹道学主要研究弹丸在枪管内的运动情况,外弹道学则研究弹丸在枪管外飞行的部分,终端弹道学则研究弹丸接近并侵彻目标后的运动情况和影响因素。

我们平时所说的精度,对于常见的枪械来说,主要是评估

 枪炮技术的发展与战例

枪支和弹药在相同条件下是否能打出统一而稳定的弹道,这和射手的枪法无关,而是关于枪支和弹药本身的稳定性的指标。精度通常用角分(MOA)或密位(Mil)来描述,简单地说,就是在一定距离上瞄准一个目标,在一定的条件(如环境、气压、湿度甚至枪管温度等)设定下发射一定数量的弹药,弹着点之间相互距离的一种描述。显然距离越小,说明枪支弹药的弹道越稳定,精度也就越高,精度高的甚至能够数发子弹从一个弹孔穿过。

冷知识:角分和密位

很多人对射击精度的计算方法不太清楚,这里做个简单的介绍。首先需要明白的是,武器的精度是武器本身的性质,和射手的能力没有关系,但武器的精度需要优秀的射手来检验。一般而言,测试武器精度的基本方法是在不同的距离上向同一目标射击,然后计量弹着点之间的距离差异,用多个优秀射手的成绩取平均值,具体表达方法就是我们常听到的角分(MOA)和密位(Mil)。

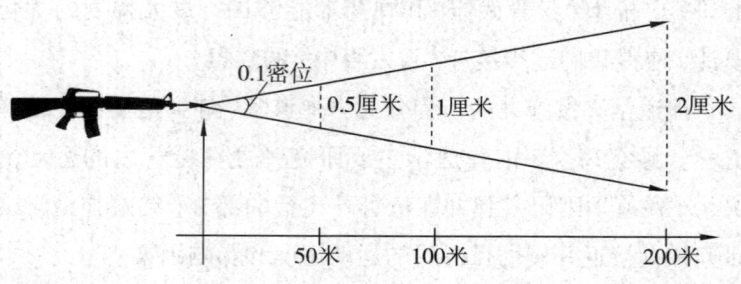

图10.1　0.1密位在不同距离上对应的弹着点偏差

十、弹道学和精确射击

MOA 和 Mil 都是用偏移角度来计量弹着点差异的单位，越小代表武器的精度越高，含义为多发子弹在相同条件下对同一目标射击后，一定距离内相互偏转的角度。MOA 是将一个圆周分为 360 度，每度再等分为 60 分，每 1 分（即 1/60 度）就是 1 个 MOA，英语称为"Minute of Arc"；而 Mil 则是将每一弧度（一个圆周为 2π 弧度）做 1 000 等分，每千分之一弧度为 1 个密位，英语称为"Milliradian"，即毫弧度。1 MOA 相当于在 100 米距离上多发子弹的弹着点间隔距离不超过 2.91 厘米；而从图 10.1 可以看到，在 100 米距离上 0.1 密位表示的弹着点间的偏差是 1 厘米。使用密位计算弹着点间的距离比较方便，而角分则更符合我们平时常用的偏转角度的表示方法。

MOA 和 Mil 有换算关系，我们可以从图 10.2 中大概感觉一下，1 MOA 等于 0.291 Mil（见表 10.1）。世界较高水平的量产狙击武器，在 100 米范围内的精度在 1.5 MOA 之内，现在很多优秀的狙击武器能做到 1 MOA 之内。

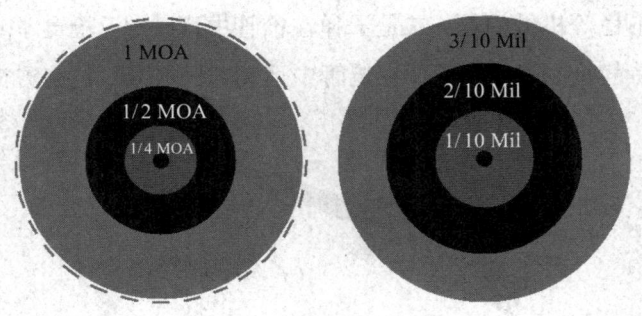

图 10.2　MOA 和 Mil 的大致关系

枪炮技术的发展与战例

表10.1 角分(MOA)和密位(Mil)的换算关系及弹着点偏差距离

单位	相当于MOA	相当于Mil	100米偏差距离(毫米)	100米偏差距离(英寸)	100码偏差距离(英寸)
1 MOA	1.0	0.291	29.1	1.15	1.047
1 Mil	3.438	1.0	100	3.9	3.6

要做到精确射击,首先要对所有影响弹道的因素实施细分,对每个可能的因素进行研究并找出控制或校正的方式。现在我们就来看看需要考虑多少因素,这里不谈终端弹道(在本书第七和第十一部分有所提及),只谈内、外弹道。

(1) 影响内弹道的因素及校正方式

子弹在枪支内部的运动受到枪支的结构、子弹本身的发射药以及弹丸本身的设计等因素的影响。

① 枪支结构的影响:在较远的距离上精确射击,首先要保证稳定的弹道,这就需要较长的身管,这样在枪管中弹丸能得到很好的加速和形成稳定的行进路线,有利于之后飞行路线的稳定。当然,枪管长度也不能任意加大,否则一是会出现变形、重心不稳等机械问题,二是子弹在枪管中运动时,枪支本身很难保持静止和稳定,子弹在枪管中运动时间越长,枪支方向的

经典的苏联SVD狙击步枪使用了长身管的设计以提升精度。

图10.3 苏联SVD狙击步枪

变化就越大，这也不利于精确射击。

同时，枪支在射击时，枪机和枪管有可能出现相对运动（尤其是自动枪械在自动射击状态下），这样就会影响射击精度和弹道的稳定性。因此，我们看到很多高精度的远程狙击步枪仍然使用老式的旋转手动栓式枪机设计，射击后要用手拉动枪栓完成开锁、抽壳动作，虽然射速难以保证，但射击时枪的主要部分之间没有相对运动，能有效提升精确度。类似导气

老式的旋转式枪机仍被用于高精度射击的武器以减小射击瞬间枪支各部分的相对运动。

图 10.4　使用旋转式枪机的狙击步枪

枪管的凹槽能在维持精度的情况下改善散热，而浮置式枪管（枪管不与护木或支架接触）能进一步提升精度。

图 10.5　枪管的凹槽

式的自动设计也会使膛压出现不稳定的情况，不利于高精度射击。另外，枪管本身在射击中出现的变形和振动会影响内弹道甚至外弹道，而枪管的管壁厚度直接与精度相关，所以高精度步枪都使用厚重的枪管。但一味增加枪管厚度会影响枪管的散热并增加重量，所以聪明的工程师们在枪管上刻了一定深度的凹槽，在维持精度的前提下改善散热能力。

②发射药的影响：现代步枪的发射药普遍采用无烟火药，如果是单一组分则称为单基发射药，如果是两种组分则称为双基发射药，也有三基发射药。要实现精确射击，单基发射药的优势大一些，因为单一组分更均一稳定，不会出现不同子弹由于发射药组分差异而造成弹道不稳定的情况。与此同时，发射药的药剂形状也很重要，不同形状的药剂在燃烧过程中，燃烧面积会发生不同的变化，继而影响枪支膛压的变化，也会影响弹道。例如，圆柱形药剂的燃烧面积是随着时间而递减的，我们称之为减面燃烧，这样枪支的膛压就会逐步降低。这种减面燃烧的发射药能确保弹丸出膛前发射药的能量全部转换，而不出现子弹出膛后发射药仍没烧完的浪费能量的情况，但膛压由高到低的变化对弹道稳定却不是很有利。如果使用多孔型（类似蜂窝煤）的药剂结构，药柱会出现增面燃烧的情况（即燃烧面积随时间而增加），膛压会逐步增大，对弹丸的稳定飞行有利，但制造时要精确计算，避免出现上面说到的子弹出膛后发射药仍没烧完的情况。

（2）影响外弹道的因素及校正方式

子弹一旦脱离枪管，就不再有动力，在飞行过程中，就会

十、弹道学和精确射击

受到地心引力和空气阻力的影响。不为多数人所知的是除了受到横风的影响，弹道的精确性还受地球自转的影响。弹丸本身的外形和内部结构的影响，也在离开枪口后逐渐显露出来。

①地心引力：子弹在离开枪口后在垂直方向上立刻进入了自由落体运动，而在射中目标前，子弹还不能掉到地上，所以针对地心的引力，需要适当上抬枪口，避免子弹很快落地。对于射程较远的火炮而言，地球曲率变化也是要考虑的因素，当然，首先要考虑的是弹着点的地形标高。在500米距离上，北约7.62×51毫米的枪弹会因重力而坠落172厘米，这几乎是一个成人的高度了。射击爱好者常用一个数据表格简单修正地心引力和横风对枪弹弹道的影响。很多瞄准镜的修正为了便于记忆，都是以一定的角分或密位为单位的，一般观察手帮助射手修正时，也是只报角分或密位的数值。每次转动调节旋钮，都代表一个特定数值的角分或密位修正值，射手只需数一下拨动的次数即可完成校正，而可以自始至终保持目标在视野内。

②空气阻力：空气阻力对子弹和炮弹精度的影响仅次于地心引力。数学上的抛物线只能模拟理想情况下的弹道，实际弹道和理想弹道最大的区别就是受空气阻力影响，而且空气阻力随着速度、温度甚至海拔高度而变化，非常难以精确计算，是实现精确射击的一个非常大的障碍。

③横风：风力的影响是另一个因素，尤其是横风。尽管弹丸的飞行时间较短，但横向的风不仅会在横向造成偏移，还会在纵向引起俯仰的变化，进而引发偏离理想弹道的现象。4米/秒的横风在100米距离上就能使北约7.62×51毫米枪弹产生2厘

米的偏差。

④子弹的外形和重心：子弹的外形对空气阻力有很大的影响，设计上不注意的话，会在子弹的周围形成涡流，涡流除了增加阻力之外，还会因为其不平衡性而对弹丸产生偏转作用。弹丸重心位置的选取和生产上的一致性，也会影响飞行稳定性，这一点大家应该很好理解。

⑤子弹的速度和自旋：弹丸的速度也是一个影响因素，这也是源于空气的阻力，因为空气的阻力是随着弹丸的速度而变化的。在跨音速的时候，弹丸受到的空气阻力会发生剧烈的变化，这种变化并不是均匀发生的，在跨音速段飞行的子弹很可能因为上下表面气流分布的变化，而出现飞行不稳定的情况。以一般步枪为例，一般子弹出膛速度（枪口初速）为 2~2.5 倍音速，如果是远距离射击，子弹到达目标时的速度已经降低到音速以下，能否稳定地在跨音速阶段飞行，是决定远距离射击精度的一个重要因素。同时，子弹本身的自旋也会对弹道产生影响，一是因为自旋都是朝一个方向的，所以会导致子弹上下表面横向空气流速的不同，进而对子弹产生俯仰角度的外力；二是在子弹速度降低到跨音速时，子弹的自旋速度已经降低，对子弹飞行的稳定作用也会降低，导致远距离射击的精度大打折扣（自旋速度也不能太高，否则会出现"过度稳定"的情况，我们会在本书第十一部分详细介绍）。

⑥地球的自转：很多电视节目和文章认为地球的自转对狙击手的精确射击有影响，需要有"Coriolis correction"（科氏加速度修正值）。事实上，这种影响比大多数人想象的要小，因

为在射击时,尽管地球在自转,但射手和武器也在随着地球的自转而运动,因为惯性的作用,子弹也在随着地球自转而运动,同时地球的大气层也是随着地球的自转一起运动的。而子弹由于飞行时间和距离较短,这个影响非

图10.6　便携式弹道计算机和气象站

常微小,但对于飞行时间较长的炮弹和火箭弹而言,地球自转就是一个必须考虑的问题了。校正地球自转的影响非常复杂,不仅要考虑射手所在位置的纬度,还要考虑射击的具体方向,一般都需要依赖便携式弹道计算机的帮助。

2. 提升射击精度的手段

要实现精确射击,武器、瞄准具、弹药和射击技术是几个决定性的因素,除此之外,光线、天气、能见度等因素也会影响射击的精度。下面我们简单地说明一下在精确射击中,在武器、瞄准具、弹药上可以采取的一些提升精度的手段。

(1)武器

一般来说,武器的射击精度除了受上面提到的部件之间的相对运动和枪管的壁厚影响之外,还有很多因素会影响射击精度,如枪管的受力情况。有一些狙击步枪将支架直接安

枪炮技术的发展与战例

装在枪管上,会使枪管受到额外的应力,从而影响精度,所以最新设计都采用了被称为"浮置式"枪管的设计,将支架安装在护木上,而护木固定在枪身上,不与枪管接触,确保枪管的受力最小。

另外,扳机的张力也是影响射击精度的重要因素。远距离精确射击对扳机的张力要求是准确、平顺、轻盈、不拖沓,射手在扣动扳机时对身体的影响要尽量小,同时射手对扳机的位置和张力都有很好的预期,这样射击时产生的影响就能降低到最小。很多民间射击高手使用定制的扳机来提高自己的射击成绩。

最新的狙击武器在口径和膛线的缠距上还做了优化,使得射出的子弹能在弹道的末端依然保持稳定,这样才能保证在更远距离上的射击精度,当然,这需要配合弹药公司专门生产的特殊高精度弹药。

(2)瞄准具

瞄准具是精确射击的标准配置。瞄准具在实质上就是通过校正地心引力造成的下坠和水平方向可能出现的偏移来达到精确射击的目的,所以瞄准具很多都有距离校正装置(近战武器除外),同时要严格保证瞄准线在水平方向上和弹道基本重合。由于步枪射程较远,瞄准具上的些许差距就会导致巨大的射击误差,"差之毫厘,谬以千里"用来形容瞄准具或许再合适不过。

目前,主流的新式步枪常用的瞄准具多为光学瞄准镜(这也使得可以安装光学瞄准镜的标准皮卡汀尼导轨成了新型枪

十、弹道学和精确射击

支的标准配置)。区别于机械瞄准器,光学瞄准镜通过光学透镜来提升射手对目标的定位能力,其本身精度高,调整、校正都更方便、精确。光学设备能将视野内的目标放大,并以目镜中的十字标线指示弹着点,目镜中的刻度还能用于对弹道的快速精确校正。光学瞄准镜是精密的光学仪器,需要经常调整和校正。在战场上,狙击手的瞄准点和实际弹着点经常会有差异,狙击小组通常都会由观察手向狙击手指示弹着点的位置,帮助狙击手调整瞄准点。光学瞄准镜虽然精确,但保养、校正等都很麻烦,也不一定能适应战场环境(如需要携带武器涉水或泅渡,行军和使用中的磕碰和振动等会对很多光学瞄准镜造成很大的损坏和干扰),成本也很高,所以多数武器上仍然同时配备了机械瞄准器。比较新型的步枪和机枪会将机械瞄准器设计为折叠形式,避免对光学瞄准镜的干扰。

横向分划线表示左右10个Mil的横风校正。

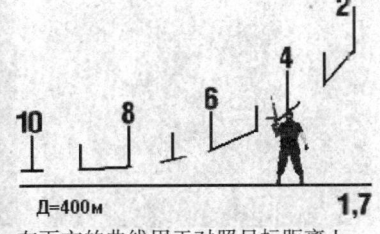

左下方的曲线用于对照目标距离上一个1.7米成人的身高,以此来判断目标的准确距离(图中情况的目标可判断为距离射手400米左右)。

图10.7　POS-1型瞄准镜中的横向分划线和曲线

主要的机械瞄准器有两种,一种为缺口准星式,另一种为觇孔式。缺口准星式机械瞄准器很多都能根据目标的距离调整(手枪除外),瞄准时需要对齐标尺缺口、准星上沿和目标,一是眼睛容易因为失焦而模糊,二是瞄准时间也较长,所以常用于步枪等射程较远的武器。觇孔式瞄准器难以调整,但瞄准速度快,所以常用于射程较近的武器(如著名的MP-5型冲锋枪的觇孔瞄准器的精度相当高)。

10.8 缺口准星式瞄准器的标尺

图10.9 觇孔式瞄准器

使用瞄准具虽然能提高精度,但也需要一定的瞄准时间,而在近战环境下经常需要在非标准瞄准姿势下快速而准确地射击。出于这种需求,工程师发明了激光目标指示器,使用激光来指示弹着点,这样射手就不需要架枪瞄准,仅需要将目光

十、弹道学和精确射击

集中在目标上，光点与目标重合即可快速射击，在近战中非常有效。当然，激光在指示目标的时候，也将射手的位置暴露给了对方，所以使用激光目标指示器时，依靠快速射击来压制对手是常见的战术。

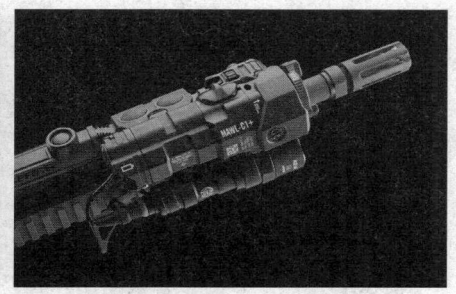

图10.10　激光目标指示器通常固定在枪支的皮卡汀尼导轨上

为了提高射击速度和精度，在传统光学瞄准镜的基础上，现在又开发了反射式光学瞄准镜。通常，反射式光学瞄准镜没有放大倍率或放大倍率不高，在目镜里面可以看到一个光点（或发光十字标线），以指示弹着点，它的好处是不需要将眼睛对准瞄准线就可以射击，对于速射、近战都有着很大的好处。反射式瞄准镜的原理很简单：在镜片的中间以一定的几何角度夹了一层半透膜，可以反射一部分光线但不影响透射的光线，在目镜一侧放置一个光源，其光点正好指示到目镜中央并沿瞄准线反射到射手视野中，这样这个光点就能指示瞄准镜的中心位置。反射式瞄准镜有时还能和望远式光学瞄准镜串联使用，实现更精确的快速射击。当然说起来容易，要确保在各个不同的视角都能准确指示目标，需要精确计算半透膜的立体表面形

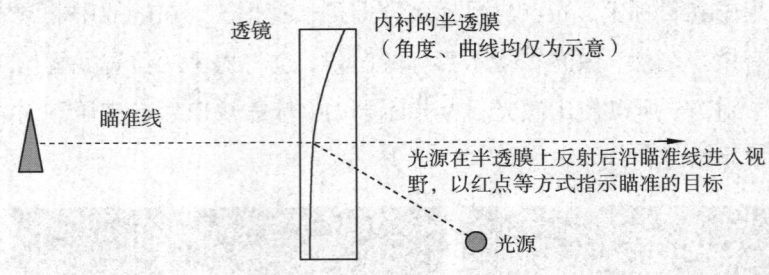

图10.11 反射式瞄准镜原理示意图

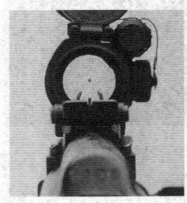

图10.12 反射式瞄准镜（左、中）以及与传统光学瞄准镜串联使用的反射式瞄准镜（右）

状，还需要很精密的光学设计和制造能力。国外市场上，高品质的反射式瞄准镜的价格很多都超过1 000美元。

精确射击受到很多因素的影响，完全依赖光学瞄准镜也是不够的。针对影响最大的两个因素——横风和空气阻力，最新的高级瞄准具套装还配备了便携式气象站和弹道计算机，能测定横风和气压的变化，并能根据射击方向计算校正量，成了远距离高精度射击的重要保障设备。现在还有人使用移动电子设备如iPad和iPhone来充当弹道计算机，据说甚至能帮助初次射击的人精确射击三四百米外的目标。

十、弹道学和精确射击

图10.13　配备弹道计算机的高精度狙击步枪（Chey Tac M200）

（3）弹药

早期狙击手使用标准弹药，随着对精度要求的提高，很多军火商开始研制特殊的高精度弹药，配合特殊口径的精确射击武器。高精度的弹药主要在以下几个方面做了相应的优化。

一是使用单基发射药。为了保证发射药的稳定，高精度弹药普遍采用单基发射药（仅使用一种火药成分的发射药），这样就避免了双基发射药制造时，每枚子弹发射药成分上可能出现的差异。

二是在弹头设计上尽量使用单一金属的均质弹头（普通步

普通子弹在铜被甲包覆下的铅质弹头形状并不非常一致，会影响子弹射击的精度。

图10.14　普通子弹的铅质弹头差异

169

枪炮技术的发展与战例

枪子弹多采用铜被甲包覆铅制弹丸的方式）。这样弹头的重心会保持一致，而不会因为被甲包覆时铅芯变形而出现重心位置相互差异的情况。均质的弹头也有一定的问题，使用铜太贵，使用钢则对枪管的磨损过于严重，使用铅又太软，所以有的军火商采用了特殊的工艺生产铅芯铜被甲高精度子弹。生产时，铜被甲从后部包覆铅芯，这样整个铅芯的形状就能更加一致，精度也能进一步保证（这样的子弹弹头尖上有一个包覆留下的小孔，很容易辨认）。

三是子弹的外形设计要确保其跨音速飞行的稳定性。多数枪支子弹的枪口初速在2.5倍音速左右，在远距离飞行后会低于音速，而跨音速时，由于空气阻力的剧烈变化和跨音速场在子弹上下表面的不均衡发展，会造成子弹飞行不稳定而开始打转，进而失去杀伤力。

另外，普通的船形弹头在飞行时尾部会产生涡流，加大了飞行阻力，也不利于远距离射击。在弹头尾部使用向内收敛的外形设计，可以有效地消除尾部涡流；同时，配合调整过的枪管来复线缠距，使子弹在飞行过程中保持合适的自旋速度，这样子弹在弹道末端依然能稳定地飞行。

冷知识：神秘的跨音速场和涡流

物体在飞行速度接近音速时，不仅阻力会发生突变，还会出现激波。在实际射击中，子弹会有一定的攻角，这会导致子弹飞行时上下表面空气流速不一样，一般情况下，上表面的空气流速会稍快一些。在跨音速飞行时，会形成上表面空气为超音速而下表面为亚音速的状态，这个时候，子弹上下表面受力会出现严重的不均，这就进入了神秘的跨音速场。跨音速场在子弹上下表面的扩展速度不一样，一般是上表面先产生，但下表面发展更快。因为子弹上下表面受力严重不均，所以必须保持足够的自旋，借助陀螺的稳定效应来维持飞行的稳定。要通过调整枪管的膛线缠距来使得子弹的自旋速度加快，确保在跨音速飞行时，子弹依然有足够的自旋速度来平衡跨音速场产生的不稳定影响。

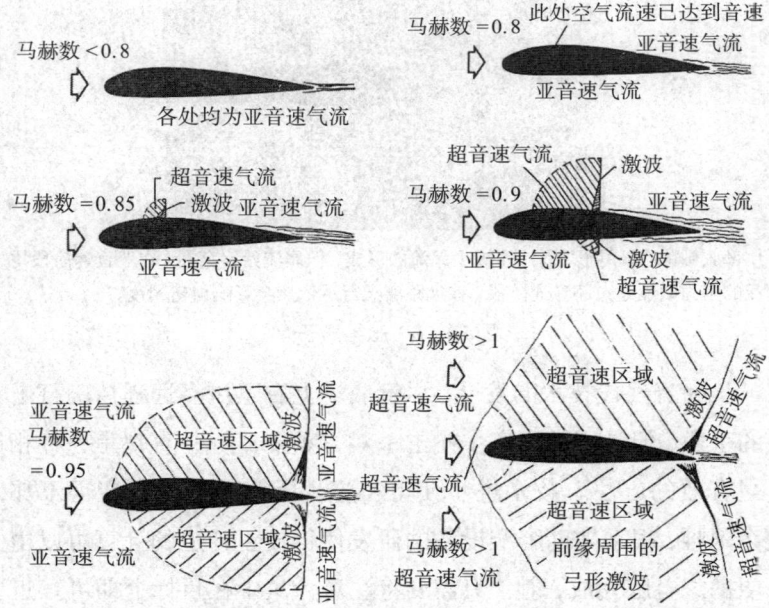

在马赫数为0.8~1的跨音速范围内，上下表面的受力和激波都会出现不对称。在0.85马赫时，上表面出现激波和超音速气流，而下表面的激波要在0.9马赫时才会产生。上下表面空气流动的差异导致跨音速物体的飞行平衡出现波动。

图10.15 用机翼的受力情况简单解释跨音速场

枪炮技术的发展与战例

涡流是另一个影响子弹飞行的因素。截面为船形的子弹在飞行中，头部顶开的气流会在尾部向中轴线收敛，进而旋转形成涡流，涡流会产生阻力，降低飞行速度和飞行的稳定性。要消除这个影响，可以将子弹设计为尾部收敛的形状（英语中称为"艇尾形"，boat tail），这样可以有效地避免涡流的产生，但尾部的收敛程度也需要优化，收敛过度，火药气体的推力就会损失过大，导致初速不够的问题。

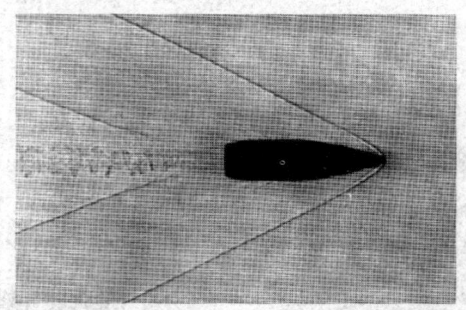

尾部收敛的"艇尾形"设计能减少涡流的形成，但尾流始终存在，在亚音速阶段尾流的阻力明显超过超音速阶段，在远距离飞行后依然会影响射击精度。

图10.16 艇尾形子弹

随着现代技术的发展，尽管战场上有了更多远程精确打击的手段，但是用长距离步枪击杀对方重要目标一直都是一种相当有效的方法。技术进步使得实施远距离精确射击变得不那么困难，很多辅助瞄准设备的研发使得校正弹道的计算可以由便携式电脑完成，射手只需要将注意力集中在目标上即可。近年来，远距离精确射击在欧美许多国家成了一种时尚的爱好，与马拉松、铁人三项和登山一样，射击爱好者们也在远距离精确射击中寻找着追求极致的乐趣。

十一、聊聊子弹

与火炮弹药相比,枪用弹药由于口径小、重量轻,无法携带大量的炸药并设计复杂的引信,所以结构相对简单。但枪弹应用频繁,而且不仅限于军事用途,还用于狩猎和体育,所以仍然值得好好聊聊。

1. 现代枪弹的典型结构和子弹的命名

(1)现代枪弹的典型结构

①弹头(战斗部):打击目标的部分,通常用铅制成,外面可以包覆铜或其它金属。

②弹壳:容纳发射药并完成枪机的闭锁,确保火药气体都用于推进弹头,一般用铜或者钢覆铜制成。

③发射药:燃烧时产生推动弹头飞行的能量,按混合组分的数量分为单基发射药和双基发射药。单基发射药稳定性更好,双基

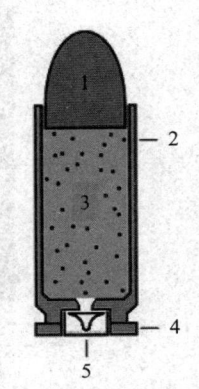

1. 弹头(战斗部)　2. 弹壳
3. 发射药　4. 底缘　5. 底火

图11.1　现代枪弹的典型结构

发射药则着重于改善一些特别性质，如枪口的火光和烟雾等。

④底缘：留出空间给抽壳装置在发射后抽出弹壳，以供下一发子弹进入击发位置。底缘大于弹壳直径的称为凸缘子弹，等于弹壳直径的称为无缘子弹，小于弹壳直径的称为缩缘子弹。凸缘子弹的凸缘在机加工精度不足的情况下有助于提升子弹的闭气性，但凸缘会使子弹难以整齐排列，不适用于自动武器，凸缘底火也限制了发射药量，因此在加工精度很高的今天，凸缘弹更多用于运动和狩猎。

⑤底火：用于引爆发射药的引信。早期的底火直接置于凸缘子弹的底缘内，用击锤打击底缘边缘击发，称为"边缘发火"（rim fire）；现代子弹的底火都置于底缘的中心，称为"中心发火"（central fire）。

左侧为边缘发火式底火，右侧为中心发火式底火。

图11.2　子弹的底缘和底火

(2) 子弹的命名

读者或许经常听到"点308温彻斯特"、"5.56×45NATO"、"点357麦格农"等很多子弹的名字，但又不清楚它们的含义。

考虑到目前市场上有超过500种不同的子弹,名字引起的困扰很能被理解。子弹名字中的数字通常是指子弹的口径和弹壳长度(点308即0.308英寸,相当于7.62毫米),而前后的文字则通常是制造商的名字或商标,不过要记住其中的一个例外:NATO指的是北大西洋公约组织(北约),通常指北约标准弹药。另外,"麦格农"(Magnum)这个名字也不是生产商,其原意是指大号的葡萄酒瓶子,后来军火商在加大威力的弹药(加长弹壳长度以增加发射药)上使用了这个名字,以形容其装药多、威力大,之后就被大家所接受,泛指装药较多的大威力枪弹("麦格农"弹多为转轮手枪或猎枪用弹药,也有某些狙击步枪使用)。如果你不是射击发烧友(很多人也没条件),那么你只需要记住几个关键的信息即可,普通标准子弹的准确描述是:口径 × 弹壳长度 + 子弹种类,如5.56 × 45全被甲步枪弹。这样一般就不会出大错,即使弹种不熟悉也没关系,前两个指标已经基本确定了一支特定武器是否能使用这种弹药。

目前国外市场上最常见的大量售卖的自动武器的标准弹药大概有5种,分别是:

① 9 × 19毫米子弹,被称为巴拉贝鲁姆子弹,是多数手枪和紧凑型冲锋枪的标准弹药。

② 5.56 × 45毫米子弹,也常被称为NATO标准步枪弹,是北约组织的制式标准弹药。

③ 7.62 × 51毫米子弹,也是北约标准弹药,称为7.62N,英语国家常叫"点308温彻斯特弹"。

枪炮技术的发展与战例

④7.62×39毫米子弹,这是著名的AK-47使用的子弹(注意与第③种7.62毫米子弹是不能通用的)。

⑤12.7×99毫米子弹,也被称为"点50勃朗宁机枪弹(.50BMG)",也是北约标准口径弹药,主要用于大口径重机枪和反器材狙击步枪的弹药。

当然还有许多其它常听到的弹药,如著名的M1911手枪用的点45口径子弹等,但相比以上几类,使用其它口径弹药的枪械在数量和种类上都要少得多。

2. 枪弹小史

本书第二部分和第四部分已对枪弹做过一些介绍,下面再做一个简单的梳理。

现在大家常见的子弹都是定装弹,即发射药和弹头结合为一体,使用起来非常方便。而在枪械发明之初,最初的子弹和炮弹一样,都只能采用分离式装药的模式,无论是火绳枪还是燧发枪,射手都必须将火药和子弹分别装入枪膛,甚至要使用通条将火药和弹丸压紧后才能射击。之后,为了提高装弹速度,有人将火药提前用纸包好,可直接装入枪膛。19世纪初,瑞士和法国的制枪匠发明了纸质定装弹,将发射药和弹头通过纸套结合起来,纸套在发射药击发后会膨胀,能在枪管中防止火药气体从后方泄漏,抽出后还能带走部分火药燃烧的残渣,大大改变了枪械的设计结构,并将弹药的制造升级为一个行业。纸质弹虽然较弹药分装方便许多,甚至曾被用于著名的加特林机枪(参见本书第九部分),但其可靠性及尺寸精度较差,经常卡壳。即便如此，纸质定装弹还是引领了后膛栓式步枪的发展，而在美国南北战争之后，金属定装弹才开始流行。

金属定装弹以及之后无烟火药和雷汞底火的诞生，使子弹的发展走进现代，成为战场上最重要的杀伤弹药之一，其基本形式一直保持到现在。弹头一般由密度较大的铅制成，很多弹头外用铜包覆；弹头和弹壳通常通过机械紧固的方式结合，会形成弹颈和弹肩；弹壳通常用铜制作，内部装填以含氮化合物为主的单基、双基或三基发射药，弹壳后部有底缘，便于抽壳机构工作，而弹壳底部通常是底火，通过撞针撞击引发发射药燃烧产生火药气体推进弹头向目标高速飞行。

金属定装弹解决了一个对于后装枪来说最重要的问题——闭气性。弹壳除了用于容纳发射药之外，最重要的一个功能就是完成闭气。借助弹颈和弹肩的结构，火药气体直接作用于弹壳，反推弹头飞出枪口，而弹壳由于是一端封闭的金属管，闭气性能非常理想。这样后膛枪的枪膛对密封性的要求就大大降低了，不仅枪支加工要求降低了，枪膛和相关零件（如枪机和撞针）的寿命也都大大提高了。

在这个基本结构上，根据用途的不同，衍生出不同的弹药类型。

3. 子弹的类型

（1）常见子弹

子弹类型的变化主要体现在弹头上，以下是几种比较常见的子弹类型。

枪炮技术的发展与战例

①全被甲弹：弹芯材料一般为铅或钢，由黄铜包覆。铜的加工性能和机械性能都很好，既能精确加工，便于大量生产，在发射后又能保持良好的气动外形，确保射击精度，而且铜的硬度不高，不易磨损枪管，所以多数枪弹都用铜或钢覆铜的材质来制作。全被甲弹的穿透能力较强，是最常见的军用子弹类型。

图11.3　全被甲弹

②空尖弹：弹芯材料为铅，由铜包覆，但弹头前端不包覆，而且加工出一个碗形的下陷空间。空尖弹的穿透力不强，但拒止力较强，适合警察使用，能避免跳弹和穿透目标后的误伤等。

图11.4　9毫米空尖弹及其弹头变形的情况

十一、聊聊子弹

冷知识：被国际公约限制使用的达姆弹

了解达姆弹，先要了解一下子弹的穿透力和拒止力。子弹进入人体或动物体会出现两种结果——穿过身体或留在体内。在体内运动时，身体组织因为自身的弹性，并不会一直紧贴弹丸，而会出现一个大于弹丸尺寸的空腔，这个空腔可能是临时性的（即可以靠组织弹性恢复到原来的状态），也可能是永久性的（无法恢复而形成创面）。一般来说，临时空腔越大，子弹的拒止力（使目标失去活动能力的能力）越大；而同样动能下穿透力大的子弹，则通常不会形成巨大的空腔。也就是说，拒止力和穿透力是相互矛盾的。全被甲弹穿透力较强，能杀伤障碍物后的目标，但进入人体后一般只在纵向变形，不会向周围扩张，经常形成贯通伤，而贯通伤形成的创面小，瞬时痛苦不大，中弹后的人或动物在短时间内仍有活动能力，能对射手造成威胁，所以拒止力不足；而空尖弹由于弹头的特殊形状，穿透力低，在人体组织内行进时弹头会扩张变形，形成巨大的空腔和创面，导致瞬时产生巨大的痛苦，所以拒止力很大。

我们回到达姆弹，达姆弹因为在加尔各答附近的达姆兵工厂制造而得名。实际上，达姆弹特指一种半被甲的圆头子弹，铜被甲只包覆了弹头的后半部分。弹头进入人体后，铅芯由于很容易变形，会出现弹头外翻的情况，而后部的铜被甲会加剧这种变形甚至切割外翻的部分。在子弹的旋转效应下，变形解体的弹头会在人体或动物体内形成巨大的空腔和创面，造成巨大的痛苦，而且给救治的医护人员带来巨大的不便。这类能在人体中扩张变形或解体的子弹被称为"扩张型"弹药，除了空

枪炮技术的发展与战例

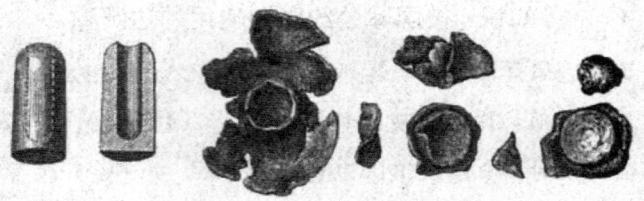

图11.5 达姆弹以及从被射杀动物体内取出的弹片

尖弹、达姆弹,还有很多类型。在某些西部片里,还能看到有枪手故意在铅质弹头上用刀刻出凹槽,以利于子弹在人体内碎裂,增加目标的痛苦。这类"扩张型"弹药目前在军事行动中的使用受到国际公约的约束,但其穿透力小、拒止力大的特点,则非常适合警察执法和反恐行动。

③曳光弹:通常在弹头或弹尾安装燃烧发光剂,能在飞行中发光以指示弹道。在机枪弹链中经常采用每5~10发普通弹加入一发曳光弹的方式指示射击弹道,便于射手校正。我们在很多电影和纪录片中能看到枪口射出的子弹发着光飞向对方,这时射出的子弹就是曳光弹。曳光弹还用在坦克炮的同轴机枪上,用于坦克炮的瞄准。

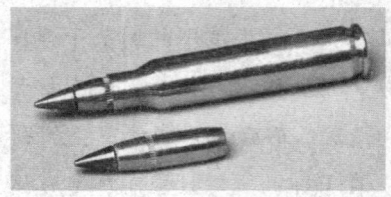 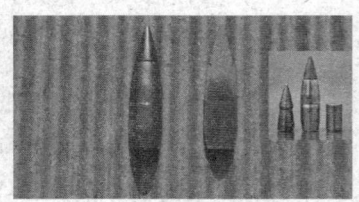

这种新型的钢芯半铜被甲穿甲弹既避免了钢制弹头对膛线的磨损,同时又保持了强悍的穿透力,它甚至会破坏射击场的建筑结构,以至于美军不允许在室内训练中使用。

图11.6 新型的钢芯半铜被甲穿甲弹

④穿甲弹：为了提高对装甲目标的侵彻，穿甲弹多使用钢或钨钢（甚至可能是贫铀）等硬质材料的弹芯，但外面仍需包覆铜被甲，因为硬质的弹芯很容易磨损膛线和枪管，导致射击不再精确。被甲会露出尖端，用以分辨弹种。穿甲弹价格高昂，通常不用于对付普通目标。

⑤燃烧弹：与曳光弹类似，但在弹体内的燃烧剂能够在击中目标后燃烧。通常和穿甲弹芯结合，用于对付飞机、车辆、船只等目标。

⑥非致命弹：使用橡胶等软质材料制作弹头，同时减少了发射药，用于拒止人员但减少对其伤害。我们常听说的橡皮子弹，就是这类弹药的一种。为了确保非致命弹的非致命性，通常都使用口径较大的弹丸以降低穿透力，使用大口径霰弹枪发射，也有固定在枪口外使用空包弹推进的。

⑦空包弹：空包弹是只有发射药没有弹头的弹药。空包弹能产生火药气体，可以用于推进枪榴弹；另外，空包弹也常用于训练和演习。我们在电影场景中见到的大部分射击镜头也是用空包弹完成的。

⑧霰弹：霰弹是一种一次可以发射多个战斗部用以覆盖一定面积的弹药，所以霰弹通常口径较大，内部装填铅质或铁质的弹丸。霰弹分为鸟弹（birdshot）、鹿弹（buckshot）、独头弹（slug），弹丸直径小、数量多的称为鸟弹，弹丸直径大、数量少的称为鹿弹，而单个弹丸的称为独头弹。霰弹的杀伤力和弹丸直径成正比，覆盖范围则和弹丸直径成反比。霰弹由于尺寸较大，所以变化较多，内部填充的战斗部除了球形弹丸，也

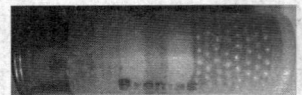

图11.7　弹丸直径不同的霰弹

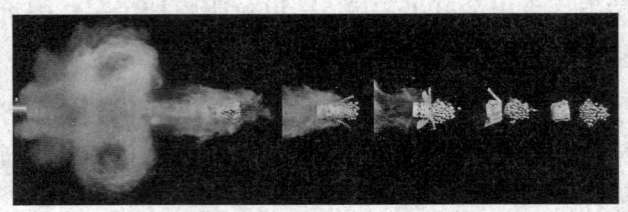

图11.8　霰弹射击后弹丸的分散情况

有长条、圆柱、片状、钉状弹丸甚至带稳定翼的长钉等。霰弹弹丸一般都没太多的空气动力学设计，发射药装药量也不是很大，所以射程近，但覆盖面积大，可以不用瞄准就射击，对于室内和近战而言是一种威力强大的弹药。霰弹枪有段时间也被称为战壕枪，用于战壕内的近战。

（2）特殊子弹

①高精度弹药：关于高精度弹药，本书第十部分已经简述了设计原则，下面以美国 Chey Tac 点408（10.4毫米）高精度弹药为例给大家做一个简单的介绍。

远距离高精度射击，首先要保证子弹的射程，子弹打不到目标就谈不上精度。为了确保射程，之前美军一直都是用大口径的点50（12.7毫米）BGM 子弹作为远距离射击的弹药，主要原因就是大口径弹药的射程足够远，能在远距离保持对目标的破坏力。但点50BGM 弹药事实上是1918年开发的，当时的主要目的是反坦克（用于当时的反坦克步枪），在其后的80多年中,事实上并没有系统性地测试过其作为远程精确打击弹药的适用性。

著名的武器专家约翰·D.泰勒博士在20世纪末开始着力开发专用的远距离高精度弹药,他运用了名为"平衡飞行"的概念发明专利(Balanced Flight,美国专利号6629669B2)来打造他的远距离高精度弹药。

在线膛武器弹药设计中,需要平衡弹头自旋和弹头指向,如图11.9所示。如果自旋速度不足,弹头会缺乏稳定性,导致丧失破坏力,还损失了有效射程;相反,如果自旋速度过快,则又会出现过度稳定的情况,也会导致弹头无法指向目标,丧失破坏力。

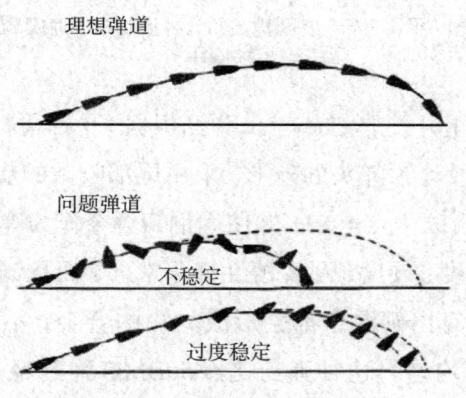

图11.9 理想弹道和问题弹道

"平衡飞行"专利认为,为了使子弹有理想弹道,子弹直线运动的速度和其自旋速度的比值要在一定的范围内。一般来说,子弹在飞出枪口后直线运动速度比自旋速度衰减得更快,二者的比值会随着飞行距离的增加而变化,并在弹道末端超出合适的范围,出现过度稳定的现象,导致弹头指向偏差。当然,如果子弹在枪口的初始自旋速度不足,也会造成子弹飞行的不稳定。因为直线运动速度受空气阻力的影响较难控制,所以更多地采用控制子弹在枪口的初始自旋速度和飞行中自旋速度的衰减速率(变化梯度)两种方法。前者可以通过优化枪管的膛线设计来达到,后者则可以通过控制弹头的表面积、对弹头表面的光滑程度进行处理甚至在弹头表面刻画凹槽来达到。

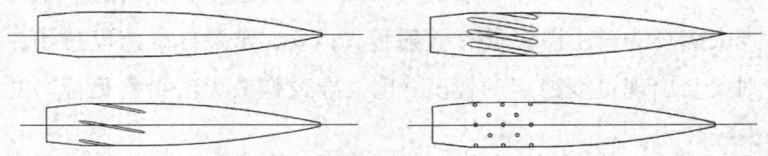

图11.10　美国"平衡飞行"专利描述的几种控制自旋速度衰减速率的子弹外形设计

泰勒博士开发的Chey Tac弹药根据"平衡飞行"专利中的技术,重新设计了弹头的外形,采用尾部收敛的艇尾式形状,改变了口径(改为点408),并使用铜镍合金作为弹丸材料。铜镍合金的强度、硬度、耐腐蚀性都非常好,而且铜和镍能无限固溶,以任何比例混合都会形成均一的合金,不会分层导致质量分布不均匀。这种弹药比点50BMG弹药轻了1/3,飞行400码(约366米)后动能就开始超过点50BMG,并能在2 200码(约2 012米)处依然保持超音速飞行。它的射程更远,速度更快,弹道也更稳定(在弹道末端依然保持稳定飞行)。配合Chey Tac M200高精度狙击步枪特别设计的膛线和枪管,受过训练的射手能在1.5英里(约2 400米)外击中一个真人大小的

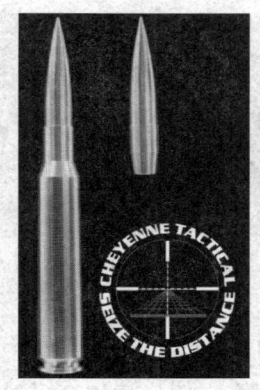 

图11.11 Chey Tac 点408远距离高精度弹药

图11.12 点50BMG 弹药（左）和点408高精度弹药（右）对比

目标。同时，点408口径对点50口径的另一个重要优势是由于弹头质量较小，射击产生的后坐力也较小，这对提高射击精度同样有很大帮助。

②无壳子弹：无壳子弹的传说在江湖上流传很久了，但多数人都对其不甚了解。子弹无壳化是一个美丽的理想，不再使用弹壳可以节省大量的金属，并降低弹药重量而成倍提升士兵的携弹量，但无壳子弹的技术难度也是极高的。无壳子弹要求发射药自身能成型并具备足够的强度和刚度，不会因震动而损毁或变形，这样就不需要弹壳来容纳发射药；另外，失去弹壳保护的发射药还必须足够安全并能防潮，同时无壳子弹弹头和发射药的结合也是困扰工程师多年的难题。即便最近几年这些问题都有了一些解决方法，但在试验中又出现了新的问题。由于没有弹壳，射击后无壳子弹产生的热能都留在了枪膛和枪机内部（普通子弹则可以通过抽壳过程，借助弹壳将相当一部

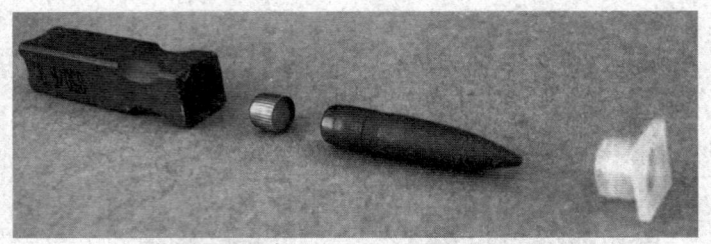

图11.13　7.43×33毫米无壳子弹（用于 H&K G11步枪）

分热量带出枪械），这样使得枪支的散热成了一个新的问题。尽管无壳子弹的想法相当美好，但距离实用化恐怕还需要一段时间。

冷知识：野猫弹

很多武器爱好者或许听说过"野猫弹"（wildcat cartridge），在欧美，这是专指民间爱好者为了达成一定的特殊目的，自己加工定制的弹药。比如有些爱好者会大量收集弹壳重复使用，由于弹颈部分被磨损，需要锯掉一截，这样就会导致子弹长度变短，形成一个新的定制弹种，当然也需要改装枪支来适应这种弹药。这类弹药和改装枪支会在爱好者群体中使用和评估，使用效果好的部分弹药甚至会形成新的标准，进而影响较大的弹药生产商的产品设计和定型。

广大枪炮爱好者平时的注意力多集中在枪炮本身，殊不知弹药的精彩有过之而无不及。随着导弹技术的发展，弹药甚至具备了摆脱枪炮自行发射的功能，尤其是在枪弹领域，枪械的设计必须基于可以使用的弹药种类，弹药科技的外延已经远远超出了枪炮本身，成为一门独立的学科。

十一、聊聊子弹

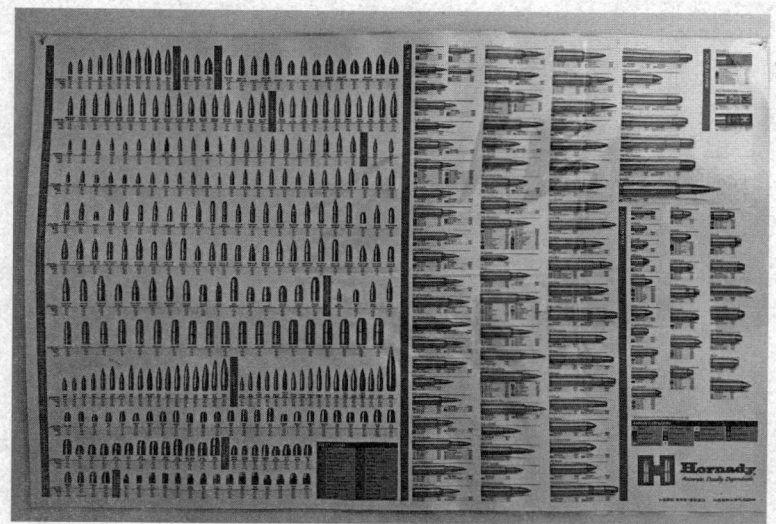

这是美国著名的弹药生产商 Hornady 公司的产品图示，大家可以感受一下弹药种类的繁多。

图11.14　繁多的弹药种类

十二、漫话手枪

在枪支的大家庭里,手枪一直都有着极其特殊的地位。因为手枪有着便于携带的特点,所以一直用于贴身近战和日常防身,同时也兼具显示身份的作用,甚至还用作暗杀和决斗的武器。

1. 早期的手枪

早期的手枪主要配备给骑兵或地位较高的军官。之前我们说过,骑兵使用前装长枪非常不便,单手难以持握,而且几乎不可能在马上完成装填,加之滑膛枪可怜的精度和射程,骑兵在走了一段弯路后又果断地重新拿起马刀和长矛,配合厚重的盔甲,依靠战马的速度冲击装弹间隙的步兵战线。但是骑兵依然需要和步兵或对方的骑兵近距离缠斗,这时手枪的灵活性和近距离杀伤能力就体现出来了。和冷兵器相比,手枪指向灵活得多,刀剑可以格挡,但手枪射出的子弹却很难在近距离内防御。尽管当时的手枪装填也很困难,但因为其体积小、重量轻,所以可以带两支以上,关键时刻手枪能够救命。

十二、漫话手枪

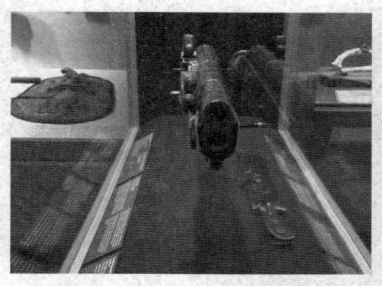 

这支收藏于纽约大都会博物馆的双筒手枪以另一种方式提升了火力的延续性,但其双转轮的击发装置实在是太过复杂,必定价格不菲而无法推广。这支手枪上精美的装饰也显示出原来主人的显赫身份。右图是为转轮击发机构专门配备的多合一装填工具。

图12.1　早期的一支双筒手枪及其装填工具

　　手枪的发展在初期与步枪比较一致。起初的火绳不大适合用于手枪,所以较早出现的手枪使用一种复杂的转轮击发机构,之后发展到燧发,再到雷管击发,和当时的步枪相比,只是枪管较短,并设计了便于单手操作的握把。在线膛枪出现后,手枪的设计才开始独辟蹊径,出现了转轮手枪和自动手枪,形成了一个完全不同的枪械门类。

　　图12.2是美国斯普林菲尔德兵工厂博物馆的早期手枪展柜,基本完整地展示了现代自动手枪出现之前的手枪发展历史。最初骑兵使用的是转轮击发式手枪,其结构非常复杂,主要是基于应对骑行颠簸的影响和在马鞍上装弹的考虑。由于转轮机构结构复杂、价格昂贵,当时只能配备少量部队,其实用性也不强。

1. 转轮击发式（wheel lock）　2. 燧发式（flint lock）　3. 雷管击发式（percussion lock）　4. 雷管击发转轮手枪（percussion revolver）　5. 击锤式转轮手枪（revolver）　6. 弹仓供弹半自动手枪（magazine semi-automatic）　7. 波查特自动手枪（Borchardt automatic）

图12.2　早期的手枪

图12.3　结构复杂、价格昂贵的转轮机构影响了手枪的实用性

之后出现的燧发机构（flint lock）被广泛使用，本书第二部分已经有所涉及，这里不再赘述。

雷管击发装置是一项重要的革命，它的出现使枪支和弹药距现代的枪支和弹药仅一步之遥。雷管击发需要一个单独的雷管来击发弹药,它只需依靠撞击就能获得稳定可靠的击发效果,而且点火装置基本是封闭的,不会受天气的影响,响应时间(从扣动扳机到子弹出膛的间隔时间)也显著缩短,枪支的操作性能和精度都有了很大的提升。独特的蜂窝型弹巢也使得射速和火力延续性有所提高,不便之处是每发子弹都需要分别装好雷管才能击发,重新装弹的速度和使用方便性还不是很理想。

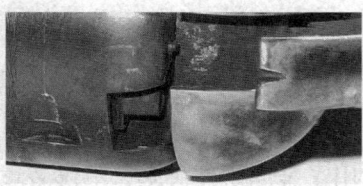

图12.4 美国柯尔特1851型雷管击发转轮手枪和其使用的纸壳弹(左)以及弹巢上雷管击发装置的细节(右)

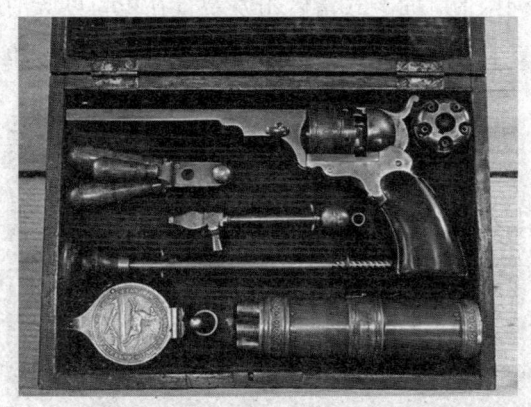

图12.5 从这支柯尔特的帕特森式转轮雷管击发枪的备用弹巢(右上角)上能看到安放雷管的位置

枪炮技术的发展与战例

图12.6　用于雷管击发装置（percussion lock）的雷管（percussion cap）

雷管击发手枪很快就因为金属定装弹的出现而发展为现代的击锤式转轮手枪。金属定装弹用弹壳将弹头、发射药和底火全部集成起来，而且对雷管击发转轮手枪的结构改动很小。使用了金属定装弹后，不仅装填速度更快，射击前不需做任何额外的准备工作（如安放雷管），可以"拔枪即射"，同时射击角度没有任何限制，而老式雷管击发装置在枪口朝天时雷管就有可能掉落。在很多西部电影中，枪手们能做快速拔枪和花式玩

图12.7　转轮手枪将雷管击发装置直接替换为撞针用以击发弹巢内的金属子弹

图 12.8　雷明顿公司的转轮手枪及其配备的金属定装弹

枪的动作，都是因为他们的转轮手枪已经换装了金属定装弹。

　　转轮手枪在中文中经常被称为"左轮"手枪，这个名称来源于装弹的位置。转轮手枪有不同的装弹方式，一种是手柄和枪管及弹巢通过铰链活动连接，能纵向旋转，在打开铰链后，子弹可以从弹巢后方装填；更多的方式则是弹巢及其旋转支架可以向枪身的一侧偏转而装填子弹，一般右手持枪时弹巢向左侧偏转以便于左手装填子弹，所以被称为"左轮"手枪。同理，还有"右轮"手枪，就是专门为左手持枪者设计的转轮手枪，弹巢可以向右侧偏转而装填子弹。

图 12.9　转轮手枪的两种装弹方式

枪炮技术的发展与战例

转轮手枪目前依然活跃在枪械市场上，经常用作执法人员的备用武器，我国警察在2014年昆明恐怖袭击之后，就采用了03式转轮手枪作为警用配枪之一。不过转轮手枪弹巢容量有限，以及重新装填速度慢的问题始终难以解决，在20世纪初，新式的弹匣供弹自动手枪成了手枪市场的主流。

弹匣供弹的自动手枪在19世纪末20世纪初出现，这类手枪从诞生到现在已经有100多年了，作为主流的军用和民用手枪依然能保持最初的基本设计，可见当初设计师的方案是多么接近完美。最早的这类枪支就是图12.2中的"波查特"（也译作"波尔夏特"）式自动手枪，其发明人乌戈·波查特（Hugo Borchardt）在美国并没有能找到任何制造商愿意生产这种手枪，只得在德国找了一家工厂使得他的发明得以量产，他在德国的助手就是后来大名鼎鼎的乔治·鲁格（Georg Luger，德语读音应为格奥格·鲁格）。鲁格在波查特的发明基础上进行了大胆的改进，在1900年完成了著名的Luger P08手枪的设计。鲁格P08缩短了枪身，使得手枪结构紧凑，更重要的是符合人体工程学（当然那个年代还没有这门学科），其基本外形已经和

图12.10　波查特自动手枪可能是第一种使用手柄插入式弹匣的自动手枪

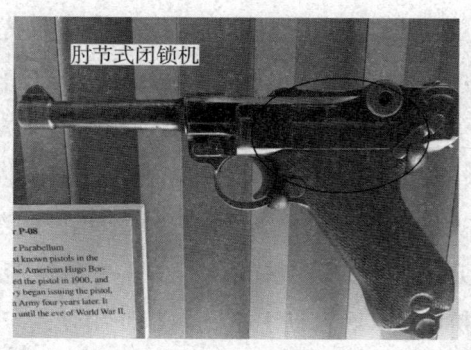

图12.11 鲁格手枪的肘节式闭锁机由于结构复杂且外露，很容易因外来异物而发生故障

现代自动手枪非常一致了。这款手枪设计精巧复杂，颇有蒸汽朋克的风格，在那个时代可以说是一件工业化生产的标志性产品，所以至今鲁格手枪仍是收藏家们的宠儿。

鲁格手枪虽然设计精良，但其特殊的肘节式闭锁机结构过于复杂并且外露，空隙大，很容易被外来异物卡死，可靠性并不是很好，所以1942年就停产了。其实在鲁格P08出现后仅仅11年，主导之后100年自动手枪设计的经典型号就横空出世了，这就是约翰·勃朗宁设计的M1911型点45口径手枪。

2. 现代自动手枪

（1）现代自动手枪的闭锁方式

M1911型手枪之所以影响巨大，是因为它的闭锁方式几乎被所有的现代自动手枪所采用，这也是现代自动手枪外形非常一致的原因，可见勃朗宁发明的短行程枪管摇摆闭锁方式的优越性。在此，我们了解一下开、闭锁的概念。简单地说，自动和半自动武器需要在射击的同时完成击发、抽壳、上弹三个环节（除了扣动扳机，不需任何手动操作），在子弹被击发前，枪机和枪管必须结合起来（否则火药气体就会泄漏），这个状态称为闭锁；弹头出膛后，必须先将弹壳排出枪膛才能保证下一发子弹能被推进击发的位置，所以枪机和枪管必须分离，这个状态称为开锁。开、闭锁有多种方式，一般主流现代步枪都使用旋转枪机闭锁，而自动手枪基本都使用勃朗宁发明的枪管摇摆闭锁。

图 12.12　早期 M1911 型手枪（左）和现代 M1911A1 型手枪（右图左下角）

枪管摇摆闭锁是借助连在枪管上的一个铰链，射击后枪管和套筒后退，在枪管后退到一定位置时限制其继续后退，而此时套筒可以继续后退，所以称为枪管短行程。由于铰链在枪管的下方，所以会导致枪管尾部向下摆动，完成开锁；而套筒继续后退完成抽壳后再恢复原位，将下一发子弹推上膛待击。这种方式可靠性很高，勃朗宁的 M1911 在美军的竞标测试中连续发射了 6 000 发子弹没有出现一次故障，而同时参加竞标的萨维奇公司的产品则出现了 37 次故障。

十二、漫话手枪

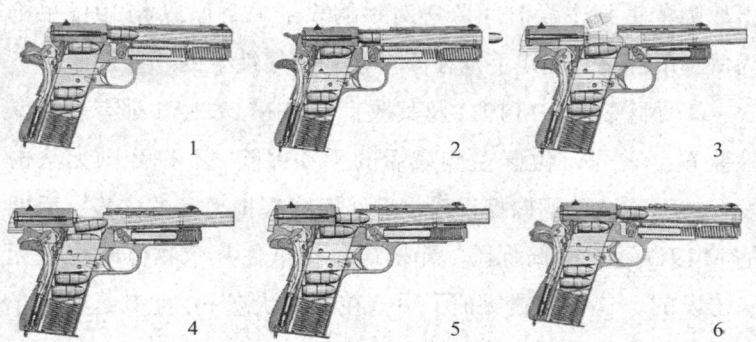

1.待击状态 2.尾部击锤打击底火,子弹击发 3.套筒和枪管同时后退,抛壳 4.枪管被铰链限制,不再后退,尾部向下摆动,和套筒连接槽脱离,套筒继续后退,将击锤顶至待发位置 5.套筒在弹簧拉力下复进,将子弹推进枪管 6.套筒和枪管连接槽再次结合,在弹簧拉力下,一同回到待发位置

图12.13 短行程枪管摇摆闭锁原理

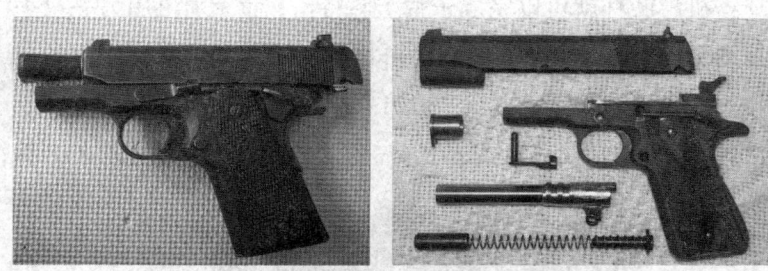

左面的M1911手枪处于空仓挂机状态(开锁),可以明显看到枪管上翘,是因为铰链限制了枪管的运动而将枪口抬高了;在右侧的分解图中能看到枪管下方的铰链和上方的连接槽。

图12.14 开锁的M1911手枪及分解图

(2)现代自动手枪的安全性和可靠性设计

手枪在使用上对安全性和可靠性有着近乎苛刻的要求,原因是手枪随身携带,长时间贴身,一旦走火极易伤及自身和附近的人;同时,手枪常用于近战甚至面对面的搏杀,关键时刻出故障的话根本没时间躲避对手的攻击。下面以 M1911 手枪为例，介绍一下现代手枪在安全性和可靠性上的一些设计。

①保险装置：M1911 及其改良型号 M1911A1 都有多重保险装置。首先是位于左侧靠后的手动保险，不打开则无法击发；其次还设计了握把保险，手不捏紧握把也无法击发；后期的 M1911 还有套筒保险，即枪口直接抵住某个物体时也是无法击发的。这些装置保证了手枪在各种状态下，尤其是在不小心跌落的状态下不会被意外击发。

②空仓挂机功能：空仓挂机是指最后一发子弹打完后，套筒不会复位，整支枪处于开锁状态。这个功能的好处一是让射手知道应该重新装弹了，二是装弹后只需用持枪手拇指拨动空仓挂机解脱杆就可以完成子弹上膛待击，而无须再用另一只手拉动套筒，可以快速恢复到射击状态。

③单动和双动机制：M1911 是击锤式手枪，后部有一个击锤，射击时，由击锤打击击针来击发子弹。手枪可以在击锤

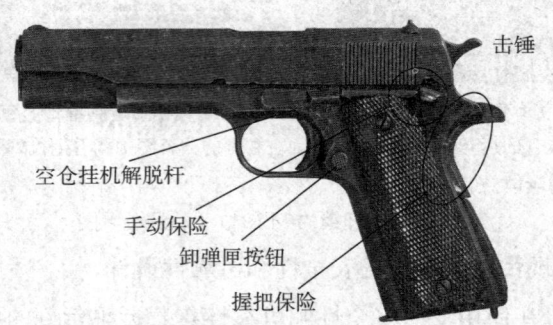

M1911A1 型手枪的左侧集成了多数控制机构，使用右手（多数人的持枪手）拇指就能完成开关保险、卸弹匣、空仓挂机解脱的作业。

图 12.15　M1911A1 型手枪的控制机构

闭合的状态下射击（双动），或将击锤打开至击发位置射击（单动）。单动状态下扳机张力更小更灵敏，用于随时准备射击的情形；双动状态下扳机张力较大，扳机响应速度也较慢，但因为不需要事先打开击锤，可用于拔枪后快速射击（手枪在携带时最好不要将击锤打开，否则太危险）。

M1911历经了100多年的历史，是美军在一战、二战、朝鲜战争、越南战争中的标准制式武器，直到海湾战争时期才被意大利的贝雷塔M-9型9毫米口径手枪替代，但美国三角洲特种部队依然继续使用M1911，因为其点45的口径（11.42毫米）使它的拒止力远超9毫米手枪，这也是它深受一线军人欢迎的原因之一。

小八卦：中国人非常熟悉的"驳壳枪"——毛瑟C96

毛瑟C96手枪是德国毛瑟公司的产品，诞生于1896年，作为手枪，其体积明显偏大，不便携带；同时，其握把到枪口距离很远，射击时枪口上跳非常严重。与鲁格及M1911相比，毛瑟C96价格昂贵，所以在欧洲不是很畅销，但在中国却有非常高的知名度，我们在很多电影中都能看到它的身影。原因也很简单，因为北洋政府期间欧洲对中国依然有着武器禁运的规定，不能向中国出口进攻性的连发武器，而手枪被认为是防御型武器，不在禁运之列；毛瑟C96因为其射程远、威力大、携弹量大，成了各派军阀的首选，用于替代部分步枪的功能（当时很多军阀部队都有手枪连的编制），而被大量进口。毛瑟C96的有效射程可达150米（多数手枪的有效射程只有50米左右），如果配上大号弹匣，其携弹量可以达到20发，在近战中威力巨大。其枪口上跳的问题在聪明的中国军人手里也很快被解决,方法就是射击时将枪身转到水平位置,这样就能最大限度地降低这个问题对射击精度的影响。不仅毛瑟兵工厂近一半的产量出口到了中国,而且汉阳兵工厂和山西军人工艺实习厂等还仿造了上百万支。抗战中,这种手枪也是中国军队的重要武器之一。

毛瑟C96手枪也被称为驳壳枪、盒子炮、自来得手枪等,在中国极具知名度。

图12.16　毛瑟C96手枪

(3)现代自动手枪的技术革新

近年来,手枪市场上出现了一些革新产品,主要是以格洛克型手枪为代表的击针平移式手枪。击针平移是相对击锤式而言,这种手枪没有外置的击锤,击针在枪管后方水平移动,外观非常简洁。由于没有击锤,所以枪尾处于全封闭的状态,可以有效防止异物的进入,配合击针保险还能提升安全性。格洛克型手枪是最近几年非常畅销的手枪,除了击针平移的设计,它还使用了聚合物枪身配合金属套筒,减轻了枪身重量,降低了维护的复杂性;最特殊的是其使用了一种创新的扳机保险，从而取消了手动保险，使得拔枪射击可以更快。

扳机保险是将扳机做成错开一定角度的两个部分，如果手指不在扳机上，则扳机保险能防止震动、跌落等导致的外力击发手枪；只有手指搭上扳机，将扳机扳到两部分角度一致之后才可以击发。这样的设计既巧妙地避免了意外事件造成的走火，同时又提高了射手的反应速度，近年来在很多新型枪械中都有使用。

图12.17　格洛克19型手枪

目前，在手枪设计方面，更多注重射击体验和科技辅助，各大厂商都为自己的产品配置了适合不同手形的握把套件，使握把更加舒适；同时，在套筒上添加标准导轨安装战术配件也成了潮流。

在军用手枪领域，模块化设计大有流行的趋势。最新配备美军用于替代贝雷塔M-9型手枪的西格绍尔M-17/18型手枪，采用

图12.18　在手枪上安装战术配件已经成为一种潮流

了统一的扳机组件，配合不同的套筒座、套筒、枪管和复进簧，就可以组成包括紧凑型、便携型和全尺寸型在内的多种不同的型号，用于不同的任务。由复合材料制作的套筒座达到使用寿命后，只需要把扳机组件拆下来，换一个套筒座即可，这样一来，M-17/18的使用成本就比M-9更加便宜。这种设计甚至还能适应不同的口径，充分发挥出了模块化的优势。据说，西格绍尔公司给美军的报价仅为207美元，几乎低到了令人难以想象的程度（市场上主流的击针平移式手枪的最低价格普遍在400美元以上）。

图12.19　M-17（上）和M-18（下）型手枪成为美军新一代制式手枪

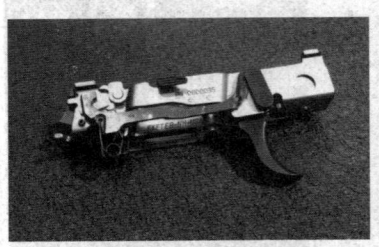

图12.20　美军M-17型手枪的扳机组件和复合材料套筒座

十三、枪炮技术的最新发展

现代枪炮在越南战争之后的发展速度开始显著减慢,这可能有两方面的原因,一是以导弹为主的远程制导武器发展迅速,并在几场局部战争中表现抢眼,使得军队对火炮和枪支的依赖性有所降低;二是经历了两次世界大战和之后的朝鲜战争、越南战争的洗礼,枪炮技术已经发展得非常成熟和完善,像AK-47这类在20世纪50年代装备的武器直到今天还在被大量使用。

1. 火炮技术的最新发展

随着导弹技术的成熟和空中打击能力的提升,火炮的弱点显得更加明显。首先是打击范围和导弹、飞机相比差距太大,50~60千米的射程几乎已经达到了传统远程火炮的射程极限,借助火箭增程虽然可以部分提高射程,但也破坏了弹道学的设定条件,在精度上难以保证;其次是远程火炮属于地面火力,受地形影响很大,比如需要道路机动,需要平坦的阵地,对很多障碍物后的目标难以打击等;第三是精确打击能力不足,使得火炮在对高价值目标和城市目标的打击中逐步被以导弹为

代表的精确打击武器所替代。

但是，火炮也有着天生的优势，就是造价低，维护储存方便，可以大规模装备，战时补充也非常迅速。事实上，现代战争中依然需要用火炮来打击很多不适于用导弹或空中火力打击的目标；与此同时，飞机和导弹昂贵的价格和维护成本决定了它们难以保持大规模的库存，快速生产和补充也是问题，在高强度战争中就会出现供应不足的情况。因此，军事强国又将目光转向了火炮，只要能大幅度增加火炮的射程，以低成本的炮弹替代战术导弹打击敌人是一个颇有诱惑力的想法。火炮的最新发展趋势体现在弹丸的推进方式上。传统的火炮依赖火药爆炸产生的气体膨胀来推动弹丸，随着对火炮初速要求的增加，这条路正逐步走到尽头。尽管20世纪美军尝试研究过液体发射药和等离子体发射药（也称电热炮）等技术，但都因实用性欠佳而终止，目前在科技前沿最活跃的是电磁驱动的电磁炮技术。

电磁炮的原理是借助电磁力来加速推进弹丸，使之达到火药推进无法达到的速度。速度对武器来说非常重要，高初速意味着更远的射程、更大的破坏力以及更强的突防能力。传统武器主要依靠改进火药和化学燃料来提高武器的速度，而火药气体的膨胀速度是有极限的，很难达到高超音速的级别；化学燃料则主要用于各类导弹，但其自身重量大，提速较慢，同时价格昂贵，控制困难，体积大，储存不易，使用后补充也相当费时费力。在20世纪80年代，电磁炮开始走进人们的视野，其概念源于美国的星球大战计划，原本计划用于反导。电磁炮的运作机理其实和磁悬浮列车类似，通过在轨道上安装一连串电磁组件，根据电磁感应理论，对放置在轨道上、与轨道形成回路的导体炮弹（也称为电枢）利用电磁力逐级加速，而在轨道的尽头将炮弹加速至所期望的初速。由于使用轨道，也称为轨道电磁炮。这种加速方法有很多优点，首先是电磁加速在理论上的极限值非常大，远远超过火药，只要具备足够的能量和足够长的导轨，理论上炮弹能被加速到接近光速；其次是其不需要装填发射药，炮身结构简单，可以以高射速连续发射，形成密集的弹幕拦截高速飞行的物体，这也是该武器最早被设计用于反导的重要原因；第三是其使用成本很低，只需补充炮弹，无须发射装药，而其炮弹结构也简单，因此作战时对后勤补给的要求可以大大降低；另外，它还有安全、隐蔽、工作稳定、射程易于调整、弹丸形状多样、飞行稳定等很多其它优点。星球大战计划中止后，电磁炮的研发却没有停滞，有报道显示，美国的研究机构2010年的实验已经能将弹丸加速到5倍音速以上，射程超过200千米，并且破坏力惊人。近年来，从不断

图13.1　电磁炮

枪炮技术的发展与战例

传出的电磁炮技术进步信息看，电磁炮的发展已经到了接近武器型号研制的程度，同时电磁炮的技术本身也出现很多新的发展。在形式上，除了上述结构最简单的轨道炮，还出现了新型的线圈炮和重接炮。

电磁炮的作用机理方面的研究已经初步成熟，关键技术在脉冲电源、部件材料和发射装置设计三个方面。电磁炮的弹丸需要巨大的动能，因此电磁炮必须输入巨大的功率，普通发电装置无法满足要求，需要使用储能设备存储电能并转换成电脉冲输出到电磁炮的发射装置上，这需要兆瓦级的能量，即便能达到，根据现有能量密度计算，脉冲电源的重量也将是惊人的，因此脉冲电源的小型化和轻型化是电磁炮进入实用的关键之一。电磁炮工作时，电磁炮的零件需要承受大电流、强磁场、重载荷，这对导轨、线圈、电枢、弹丸等各个部件的材料要求极高，因此部件材料问题也是电磁炮技术的关键，超导技术的应用预计可以为电磁炮技术实用化提供支持。发射装置设计牵涉的技术细节很多，控制系统需要极其精确，稳定性上的技术要求也非常高，与此相关的身管设计、供弹装置、脉冲形成、电力控制等一系列实用技术都需要一一取得突破。所以，尽管电磁炮技术发展迅速，进入实战部署仍需一段时间。

2. 枪支技术的最新发展

枪支的原理在最近几年中没有革命性的变化，技术发展主要是在配件上。在几次局部战争之后，实战中的经验被总结并

十三、枪炮技术的最新发展

应用到枪支设计中,各种战术配件被开发出来以提升枪支的实用性能。在海湾战争之后,主流的新式枪支配件,除了本书第十部分提到过的光学瞄准镜之外,主要集中在护木和导轨、新式枪托以及消音器上。

护木和导轨一般都是配套使用。最初的护木一般都是为了方便持枪瞄准而设计的,但在几场局部战争之后,很多士兵希望将光学瞄准镜或战术手电筒等配件固定在护木周围。之后,美国A.R.M.S公司和Otto Ripa公司开发了一种导轨,可以固定在护木上,方便士兵在导轨上任何舒适的位置安装瞄准镜等战术配件。这种导轨从20世纪80年代开始设计,1994年开始装备在M-16A2步枪和M-4卡宾枪上。1995年,皮卡汀尼兵工厂为美国军队制定了导轨的标准,符合这个标准的导轨被命名为皮卡汀尼导轨。 皮卡汀尼导轨的出现,立刻引发了护木设计的升级,步枪的护木迅速从圆形截面转换为四边形,这样在四个方向上都可以安装导轨,便于固定不同的战术配件

图13.2 镂空护木的四周都可以安装导轨

图13.3 导轨上甚至可以同时装配两种不同的瞄准镜

而不互相影响。同时，为了减轻重量，开始流行镂空结构的护木。导轨除了可以安装在护木上之外，还能安装在其它位置，甚至手枪上也安装很短的导轨用于安装战术手电筒和光学瞄准镜。

　　枪托是另一个最近几年出现了比较大的变化的枪支部件。老式步枪的枪托和枪管成一个角度，这样能让射手将视线放在枪管上方的瞄准线上，只是这样的布置在射击时会导致枪口上跳。M-16步枪创造性地使用了平直的枪托，使得后坐力直接通过肩部对枪托的支点，减小了枪口上跳，代价是瞄准线上移。随着制造工艺和材料科技的进步，近年来，枪托的形状出现了革命性的变化：复合材料的枪托普遍将中部镂空，仅有支撑杆连接枪托和枪身，在合适的位置安置托腮板（通常都可调节位置），便于射手瞄准，同时枪托和肩膀的接触点依旧在枪管的基线上，妥善解决了瞄准基线和枪口上跳的矛盾。

图13.4　Chey Tac M200型狙击步枪的枪托使用了中部镂空加托腮板的形式

　　新式枪托中以ACR步枪的枪托为代表。ACR步枪是麦格普尔工业公司和雷明顿武器公司联合研制的步枪，仅仅花了4个月时间研发，完美地整合了很多成熟的枪械技术。这种步枪本身的知名度远逊于它的枪托，如今ACR枪托已经被广泛安

十三、枪炮技术的最新发展

装在各种步枪上,除了广大的枪迷,使用者还包括了很多国家的特种部队。ACR 枪托是近几年最流行的步枪配件之一。

图 13.5　ACR 步枪和其著名的 ACR 枪托

　　消音器一直是广大枪迷所热爱的枪支配件。枪声是子弹击发后枪管中的高压火药气体在喷出枪口瞬间急速膨胀而产生的爆炸声。消音器的基本原理是将火药气体喷出枪管一瞬间产生的爆炸效应尽量减小,主要方式是在消音器内隔出一段一段的空间。火药气体喷出枪口后,在消音器各个封闭的空间内先行膨胀,消耗部分能量,在子弹飞出消音器的瞬间,火药气体的压力已经大幅度降低,爆炸声也就小了很多,最好能将火药气体出消音器的速度降至亚音速,这样能最大限度地减弱爆炸声(枪声)。消音器一直被认为会降低枪支的精度和射程,其实理论上这并不会发生,因为子弹在火药气体喷出枪口时已

209

枪炮技术的发展与战例

消音器内被分割为多个分隔的空间(也称消音室),分割方式多种多样。

子弹出枪口后,火药气体依次在消音器的分隔空间内膨胀,能量逐渐减弱。

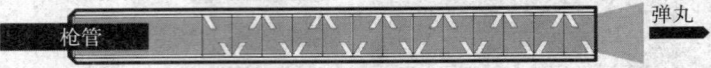

火药气体在逐渐消耗能量后喷出消音器时的膨胀明显减弱,枪声降低。

图13.6 消音器的工作原理

经达到了其枪口初速,在它后面的火药气体不会再对其保持推力,所以理论上不会影响子弹的初速和精度。当然,在实际应用中,由于隔板加工精度问题和气流在分隔空间内复杂的流向变化,的确可能对弹头的飞行产生一些影响。

近几年由于材料和加工手段上的进步,对消音器的设计大大地优化了。最新型的消音器不仅不会影响枪支的射程和精度,甚至还能提升其性能。最新式的涡流消音器将火药气体分为3～4股,引导其以旋转涡流的方式沿消音器边缘依次通过消音室,这样可以将弹丸和火药气体间的干扰减到最小,同时

图13.7 各种不同消音器的内部结构

十三、枪炮技术的最新发展

 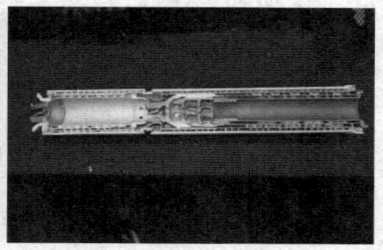

涡流消音器在枪管位置用导流片将火药气体分成几股并以旋转涡流的方式沿消音器边缘流动（左）；涡流和弹丸分开，进入消音室膨胀并消耗能量，而弹丸则不受气体影响，而且几乎不会和消音器部件接触，因此不影响精度和射程（右）。

图13.8　涡流消音器

还能使消音隔板边缘和弹丸保持距离，不会影响射击精度，也使消音器的寿命大大提高。

消音器能将战场噪音降低，士兵之间互相喊话更容易被听到；同时枪声在较远的距离上无法被听到，使士兵的行踪更加隐蔽；而在近距离上，消音器使得枪声特征变化，听起来更像其它噪声，从而使敌人放松警觉。因此，消音器正在从一种配备特种任务的选择性配件转化为一种标准配件，美国海军陆战队一直在讨论是否要为所有步枪和机枪配置消音器；更有许多制造商直接将消音器和枪支固定在一起，这就是所谓的一体

图13.9　一体化消音器

211

化消音器，这样能更好地控制枪身重心，提高精度和优化消音效果。

枪炮从诞生到现在已经经历了上千年的历史，至今仍然是战争和生活中必不可少的武器。枪炮技术在战争需求的推动下不断发展，同时又反过来影响着战争的形式。枪炮技术的大发展始于工业革命，之后的几场战争使得枪炮技术迅猛发展。为了适应战场上的严酷条件，成熟型号的枪炮不仅破坏力强、精度高，而且性能非常可靠，即便在恶劣的条件下也极少出现故障。可以说，枪炮技术是人类智慧的最高成就之一，枪炮技术就像一扇窗户，通过它能了解人类在工程技术上的不断进步。

战争离我们并不遥远，每一个公民都需要具备足够的国防意识，而了解枪炮技术是一个非常好的开始，国防的强大有赖于每一位公民的素质和能力的提高。历史告诉我们，战争总是被强加给那些缺乏战争能力的国家和人民，因此，唯有拥有强大的国防，才能使我们享受持久的和平。

参考文献

[1] 李德·哈特. 隆美尔战时文件(M). 纽先钟, 译. 北京: 民主与建设出版社, 2015.

[2] 军事科学研究院世界军事研究部. 世界军事革命史(M). 北京: 军事科学出版社, 2012.

[3] 张嵩山. 解密上甘岭(M). 北京: 北京出版社, 2010.

[4] 大波笃司. 图解重型武器(M). 张泳翔, 译. 新北: 枫书坊文化出版社, 2009.

[5] 水野大树. 图解火炮(M). 黄昱翔, 译. 新北: 枫书坊文化出版社, 2015.

[6] 邓涛. 战神的怒吼: 两次世界大战中的火炮(M). 北京: 中国长安出版社, 2014.

[7] ROSENBERG Z, DEKEL E. 终点弹道学(M). 钟方平, 译. 北京: 国防工业出版社, 2014.

[8] CARLUCCI D E, JACOBSON S S. 弹道学——枪炮弹药的理论与设计(M). 韩珺礼, 译. 北京: 国防工业出版社, 2014.

[9] 罗伯特·布鲁斯, 伊恩·吉迪, 凯文·基利, 等. 图解世界战争战法——拿破仑时代(M). 崔建树, 魏丽, 译. 银川: 宁夏人民出版社, 2010.

[10] 卜奎晨, 刘莉. 末制导炮弹发展趋势及其研究方向(J). 系统

工程与电子技术, 2006(11).

[11] 潘文林. 机炮也疯狂(J). 航空世界, 2012(7).

[12] 吕文奇. 新概念高射炮异军突起(N). 解放军报, 2003-5-21.

[13] JAMES C R. Small-Bore Rifles: A Guide for Rimfire Users (M). New York: Skyhorse Publishing, 2018.

[14] Department of the Army. Army Field Manual FM 3.22-9 Rifle Marksmanship-a Guide to M-16 and M-4 Series Weapon (M). New York: Skyhorse Publishing, 2018.

[15] Department of the Army. U.S. Army Combat Pistol Training Handbook(M). New York: Skyhorse Publishing, 2013.

[16] CHAPEL C E. Guns of the Old West-All Illustrated Guide(M). New York: Dover Publications Inc., 2002.